藍學堂

學習．奇趣．輕鬆讀

好主管
不必是全才

全球領導力教練親授
經理人用整合力超越自我極限，打造高績效團隊

You Can't Know It All
Leading in the Age of Deep Expertise

汪達．華勒斯 Wanda T. Wallace 著

傅婧瑛 譯

好主管不必是全才

目錄

成為帶隊高手，連領域專家也樂於追隨

齊立文 《經理人月刊》總編輯

我曾經看過國外一項調查，內容是上班族每個月大概會花十五個小時在「罵主管」，平均攤在三十天，相當於一個月裡，每天罵主管三十分鐘。

換個角度看，這些默默被罵的主管們，可能忍不住想回嘴，「有時間罵我，還不去好好工作！」而且相信他們不管在公開場合或暗地裡，說不定還花了不少時間在感嘆，自己的手下怎麼帶不動、教不會，還講不聽。

面對這種「上下交相怨」的難題，我傾向於把更多的權重和責任，劃歸到主管這一方。因為主管如果不會帶隊，就停留在傑出的個人貢獻者即可，可以為組織創造更高的價值。而既然承擔了主管的頭銜，權與責相伴相生，這個責，就是帶出好團隊，交出好績效。

勝任現職而後升遷，升遷後卻不適任？

在讀這本書之前，建議讀者先把書蓋起來，靜心想一想，無論是你自己，或者是你身邊的主管，都是「憑什麼」升遷上去的？

出於成長的需求，個人和組織都不可避免地存在著「不進則退」（up or out）的邏輯。然而，同樣對個人和組織來說，人員的升遷究竟是祝福或受苦，還真的是因人而異。

我想起了兩本書，可以與本書合併閱讀。第一本是《彼得原理》，作者勞倫斯．彼得（Laurence J. Peter）鮮活指陳出了一個令人一聽就很有感的職場現象：一個人會因為有能力勝任某項工作，而被升遷到更高的職級，直到他或她在某個工作卡關，再也升不上去為止。這在某種程度上解釋了很多主管「不適任」的原因，畢竟他們是離開了他們曾經很擅長的領域，主動或被動地挑戰新的「不舒適區」。然而，「以個人來說，我們都會想爬上自己的不適任等級，我們認為似乎爬得越高、越多階級就越好，但是放眼四周，眼前所見卻全都是盲目晉升的悲慘受害者。」勞倫斯．彼得超過半個世紀前的觀察，至今依然發人深省。

另一本書，是著名企業教練馬歇爾．葛史密斯（Marshall Goldsmith）寫的《UP學》。光看書名，你會以為作者是在教你職場升遷術（dos），但事實恰恰相反，書裡講的都是別做哪些事（don'ts），特別是關於職場人際關係的經營與維繫。原因不難想見，很多人升遷，都是因為專業能力很強，但是如果沒有儲備好下一階段所需的技能，不但爬不上去，很可能連做好現職的能力都會遭到懷疑。會做事，更要會做人，道理很簡單，但是說起來容易，做起來難，而且更多人還自我感覺良好，自以為很會做人，或是不會做人也沒關係，會做事就好。葛史密斯的提問，值得我們深思：「你願意晉升一位財務水平傑出，善於與外部的人打交道，又會管理一票優秀財會人才的人，還是一位極為聰明，卻不善社交，也不會帶人的人？」

要如何避免升遷後不適任的陷阱，導致曾經的人才變為庸才？本書提供了答案。

工作日趨複雜、變動快速，我該怎麼學帶人？

本書作者汪達．華勒斯曾經在杜克大學福夸商學院教書。離開校園後，過去二十餘年，都在從事領導諮詢服務。她在書中寫道，「走出象牙塔之後，我突然發現，經典理論有時並不能解決現實中人們遇到的問題。」

華勒斯筆下的問題之一，也是全書的主題，就是當你想升遷或被升遷時，「你是否擔心自己被提升到了一個自己沒有能力做好的職位上？」

以我自己的媒體經驗來說，我最早是做新聞編譯，要跨到採訪和編輯時，我覺得都是陌生領域，必須重新學習。當上主管後，新的考驗又來了，我得看財報、面試人、帶團隊、建品牌、養人脈……。隨著媒體不斷受到科技衝擊，近乎時時刻刻都在數位轉型，我還得跟著經營團隊一起看未來、想策略、做應變，同時在面對夥伴們的困惑或焦慮時，更要能夠激勵人、給答案。坦白說，就是工作的複雜度越來越高、改變的速度越來越快，但是我可以學習的時間卻越來越短。

在傳統的管理思維裡，工作者在組織裡的晉升之路，就是漸漸地從專才走向通才，組織也變成是由一位通曉管理知識技能的總經理（General Manager），帶領不同功能與部門的專家（Expert）。也因此，我們過去普遍認為，一個拿到 MBA（企業管理碩士）的人，因為懂管理，所以可以空降當主管。當然，現在很多人不再這樣以為了。加拿大策略大師亨利．明茲伯格（Henry Mintzberg）還直接寫了一本叫做 *Managers not MBA* 的書。

如同本書的英文副標題「在專業時代領導」（Leading in the Age of Deep Expertise），作者華勒斯認為，在知識經濟普及、組織扁平化以及政府加強監管的背景下，當代的專業經理人，不但自身必須是特定領域的專家，具備深度智慧，而且他們在晉升主管之後，還必須能夠培養廣度智慧，帶領跨領域的專家，不再有「樣樣通、樣樣鬆」的通才存在的空間。

在書中，華勒斯提出了兩種類型的領導力，分別是：專家型領導力（Expert Leadership；簡稱E型）和整合型領導力（Spanning Leadership；簡稱S型）。而且在現實環境中，當專家型領導者因為表現優異，被晉升為整合型領導者時，專業力和整合力兩者都不可偏廢。

再以我的編輯經歷為例，我早期做的都是紙媒，如今數位潮流勢不可擋，如果不加速學習數位科技相關知識，非但帶不動團隊，說不定連他們說什麼都聽不懂。因此，垂直的深度智慧，不可或缺。

與此同時，當組織的「跨部門」專案和對外的「跨產業」合作越來越多，或是組織輪調或再往上升遷，必須帶領「跨領域」的專業團隊，這時候就會需要整合力，鍛鍊自己的廣度智慧，才能夠帶給團隊所需的資源和支援。

在書裡的諸多案例中，我最喜歡第三章出現的亞倫，他很知道自己會什麼、不會什麼，而且既能夠在專業領域擁有一批忠誠的追隨者，就連他完全是門外漢的技術領域，整個團隊也對他心服口服。

閱讀本書時，建議可以先翻到第四章，「評估自己是怎樣的領導者」，接著再牢記作者提出的領導力三面向：如何增加價值、如何完成（正確的）工作，以及如何與他人互動。不管你是E型領導者或S型領導者，書裡面的架構都是依照這三個基本面向展開，分別列出E型和S型領導者，在每一個面向，各自該具備哪五項能力，並且提出了相應的練習課題。

如果你已經是E型領導者，或是職涯志在成為領域專家，第一章談的「成為最好的專家型領導者」很適合你。

要是你想要接受新的挑戰，那麼本書的其餘章節，都是在傳授如何從E型領導者，成功轉型為S型領導者。如同作者所說，「我見過太多的經理人陷入極度掙扎，無法突破專家型領導模式。……他們被要求領導一群下屬，這些下屬對工作的了解遠比他們深入，知識遠比他們豐富。」如果這也是你的處境，這本書推薦給你。

前言

茱莉亞又要遲到了，這可不是她的風格——她一向以準時要求自己。然而，先是她乘坐的國際航班延誤，接著她叫的計程車塞在路上。算上這回，兩個月內，她已經兩次沒能準時參加執行委員會的會議了，而她本該在這個會議上彙報她負責的全球專案的最新消息。

她一時衝動，居然跳下了計程車，拖著行李箱一路狂奔。當然，讓她惱怒的不只是塞車，也不只是遲到。

「我該怎麼做這份工作？」她不知道該去問誰。

多年來，茱莉亞的領導權威建立在她毫無爭議的專業能力之上。這些年來，她一直希望在職業生涯中有新的突破，於是接手了一項很重要的工作。然而，她不知道該如何面對，新工作完全不屬於她的專業領域。

她處於幾個功能性部門的中心，以執行「敏捷」技術。她原本該動員數據科學家、ＩＴ架構師和其他專家，但這些人並不直接向她彙報工作。另外，她也不了解這些人，她對數據科學和ＩＴ架構一無所知。

她心中有著強烈的自我懷疑：「如果我在哪一方面都不是專家，怎麼跟執委會彙報工作呢？」

茱莉亞需要幫助，但她不知道該去找誰。眼看著自己的計程車消失在視線中，她意識到步行的決定大錯特錯。會議地點距離她仍然很遠，她不可能按時到達。

「我要失敗了，」她說，「我完了。」

為了保護茱莉亞的身分，我修改了這個故事的一些細節，包括她的名字。茱莉亞是我的客戶。她是一個典型的專家型領導者，有著強大的分析型大腦，擁有出色的投資風險評估能力。她可以瀏覽海量檔案，掌握所有問題的一切細節。

在擔任專家型領導者的八年時間裡，茱莉亞得到的只有讚賞，公司老闆和董事會成員都很尊重她，且毫不懷疑她的能力。她的很多下屬都明白，她對自己的專業領域幾乎無所不知，他們也習慣於滿足她提出的極高要求。即便茱莉亞有時過於追求完美，而讓下屬抓狂，他們仍然認為她是一位優秀的經理人。

儘管茱莉亞得到的評價極高，但她的晉升之路卻屢受挫折。因此，當她終於得到一個顯著的升遷機會時，她立刻抓住了這個機會。新職位模糊的工作描述讓茱莉亞暗自有一點擔心，然而她相信無論面對什麼挑戰，她都能運用自己的分析能力，和過去一樣找到解決方案。升職的前幾週，關於她要轉型成為敏捷技術領域專家的消息，讓公司很多高階主管都頗為驚訝。

轉型是非常可怕的，這一點茱莉亞早就預料到了。儘管她負責一個全球團隊，卻很少收到直接報告，可供她支配的專門資源少之又少。儘管她一再向家人和朋友保證一切順利，但實際上她並不知道該怎麼做好這份工作。她有一種失控的感覺，不知道怎麼與來自各種背景和專業領域的同事交流。她覺得人們不信任她。

一種新的領導方式

每一個在任何體制內尋求晉升的人，顯然都會遭遇茱莉亞面臨的挑戰：他們必須學會用不熟悉的方式去領導。也許你會發現自己也處於類似的境地。

在執教、諮詢、為全球企業主辦研討會的幾十年時間裡，我往常解決的問題是，如何從依靠高度專業技能的領導職位（比如，金融知識或熟練的技術）轉變到特定專業技能被弱化的職位。後者，必須用領導力將團隊中的各種技術、能力、態度和觀點整合在一起。

這種情況下，茱莉亞遇到的問題相當常見。

我該怎麼做這份工作？

這本書可以回答這個問題。

在八年時間裡，茱莉亞一直熟練運用著某種領導力，我們稱其為專家型領導力。而領導一個缺乏共同知識基礎、由各種各樣的人組成的團隊，顯然需要另一種領導力。這兩者存在本質的區別。

我是逐步得出這個結論的。我曾是學術研究人員——我在杜克大學的福夸商學院

（Fuqua School of Business）教書，後來成為那裡高階管理教育學院的副院長，所以我很熟悉經典的領導形式。然而，走出象牙塔之後，我突然發現，經典理論有時並不能解決現實中人們遇到的問題。

在企業中，我體會到了全新的專家型領導力，這種領導力並不局限於特定年齡層或管理階層。按照過去的假設，儘管在一家公司裡，需要大多數個體知識貢獻者是某個領域的專家，但隨著一個人在管理團隊中的地位不斷上升，從中間管理、總經理直到最終進入決策層，其專業能力的重要性就會越來越低。按照這種假設，職位越高，你就越需要成為「全才型」領導者。

然而，領導的路線已經發生改變了，如今的商業世界技術性極強，也更為複雜，使得很多公司迫切需要領導者擁有深度專業能力。我認識的一個領導者，因為特別熱愛自己的專業，中途離開了一個將有潛力的經理人培養為國際領導者的專案，回歸自己熱愛的專業領域。放在過去，這絕對是職業自殺行為，他會被一路貶到公司的最底層。可在今天，他卻走到了公司的最頂層，因為他的專業領域對公司至關重要！在如今的商業環境中，像他一樣的專家能夠得到回報、晉升、讚揚，都因他們的專業知識。

公司需要領導者掌握與業務部門相關的大量知識，經理們需要了解工作具體細節的同儕。想像一下：你希望自己的公司有一個不懂技術的技術部門領導者嗎？員工也會希望自己的上司是一個知識淵博的人。

無論是金融、IT、法律、生物科技還是房地產，我們都可以在公司的任何層級中找到專家。職業經理人秉持的老派的公司理論放在今天已經不合時宜，相反地，越來越多的專業性人才開始進入管理層。

然而，很多機構及處於上升期的領導者還沒有做好準備接受這個現實。很多經理人只知道憑藉個人的專業能力去領導，這在領導一群和他擁有同樣知識背景的人時自然行得通。可是到了一定階段，很多領導者都會遇到和茱莉亞一樣的「轉變」。他們只有採用不同的領導方式，才能管理與他們擁有不同知識背景、觀點與議程的下屬。

我不是唯一明白這個道理的人，有大量學術論文聚焦於專家型領導力和全才型領導力的對比。然而，我可能是唯一一個拒絕專家／全才二分法以及「全才型領導者」這個概念的顧問。或許真存在所謂純粹的全才，且他們在空降到了一個全新領域後還能輕鬆自如地當好領導者，但我幾乎沒有見過這種情況。

「全才」這個說法意味著，隨著職位提升，你需要成為萬事通，這懂一點，那也懂一些。不過，我不認同這種說法，我認為**你需要的不是尋常普遍的能力，而是「整合」**

能力。擁有這樣的能力後，你的領導力不再只以特定的知識為基礎，而是能擴展到各群體之上，它們有著不同的知識基礎。

我見過太多的經理人陷入極度掙扎，無法突破專家型領導模式。每一天，我在各機構都能遇到需要在專業領域之外承擔責任的專家型領導者。他們被要求領導一群下屬，這些下屬對工作的了解遠比他們深入，知識遠比他們豐富。對於一些憑藉專家身分建構職業生涯的人來說，這種轉變會讓他們感受到極大的衝擊。

很多女性領導者特別容易在這種轉變中陷入掙扎。在掉入專家型領導者陷阱並面臨巨大的障礙時，女性尤其顯得脆弱，我會在本書的第八章詳細討論這個問題。

專業力與整合力的結合

這本書源於我的教育、教練經歷，源於我對人們的同理心以及我對各種現象的強烈感受，這本書綜合了我與大量機構及個人合作後所獲得的體會。這正是從全新角度理解領導力的精髓。

我的核心觀點就是，儘管專家型領導模式與整合領導模式存在顯著差別，但幾乎沒有經理人屬於單一模式。我遇到過存在於專家與非專家領導力混合地帶的經理人，而混合的程度又各有區別。即便是關注點最為狹窄的專家型領導者，有時也需要與專業領導之外的人互動，接受更為廣泛的觀點。另外，即便是一家公司最高層的領導者，他們也需要利用專業知識做為決策基礎。工作本身也存在流動性，正如我們將在第九章看到的那樣，專家型領導者可能暫時需要成為整合者，隨後再轉回專家型領導者。

也就是說，我所說的不是不同種類的經理人，一個人基本上不可能排他只屬於整合者或專家型領導者。相反地，面對不同問題和需求，在不同的職位上工作時，你需要採用不同的領導方式。我的工作就是幫助你了解如何同時成為優秀的專家型領導者和整合者，何時選擇切換，如何去切換不同的模式，如何將兩者結合在一起。

茱莉亞感到絕望。她看到自己在分析數字和掌握數據方面出色的能力，在新工作中對她的幫助卻很有限。她意識到自己需要全新的技能，卻不知道這些技能是什麼。

不過，她很堅強，能隨機應變，可以應對人生或公司向她拋來的幾乎所有難題。她下定決心，準備學習擴展自己的領導模式。

設計這本書的架構時，我或多或少參考了當初鼓勵茱莉亞走上的那條道路。我希望她更多地了解外界對其新工作的預期，讓她走進內心，確保自己真正想承擔那樣的角色，最後再去獲取技能，讓她成為一個同等出色的整合者。

這本書會在第四章對整合力進行分析，並提供一份詳細的自我評估方案，幫助你理解自己做為領導者能夠提供的價值。評估方案也能說明你需要自我強化的地方。接下來，這本書會告訴你如何實現預定目標。

首先，有必要深入了解茱莉亞這些年所做的工作——也許你正在做同樣的工作。進入整合領導模式之前，了解專家型領導者的真正姿態，以及他們如此優秀的原因，對任何人來說都極有幫助。

第一章・最好的專家型領導者

萊納爾是擁有十二萬雇員的跨國公司的財務長。

儘管公司的財務運作流程極為複雜，但已經相安無事地運作了好幾年，他管理超過六百名經過精心挑選、接受過良好訓練的下屬，每名下屬都有著極為優秀的專業能力。有一天，在思考一個公司的收購計畫時，萊納爾突然感覺少了點什麼。

這個想法浮上心頭時，萊納爾並沒有坐在倫敦的辦公桌邊。那是一個夏天的夜晚，他正在家鄉薩里（Surrey）遛狗。收購交易已經從原則上的協議階段進入具體協商階段，事無鉅細，均在協商範圍內，不論是工作業績指標還是員工的停車位分配。萊納爾和包括人資長在內的同事仔細討論了整份協議，但他感覺其中還有不清楚之處，關於目標公司風險計算的陳述，存在前後不一致和模糊的地方。當他在會議中提出這些問題時，團隊的一個成員向他保證，風險評估已經得到了雙重確認，風控長也確認計算數字是準確的。然而，萊納爾還是覺得有些地方不太對勁。

萊納爾是專家中的專家。在專業領域內，他是全世界最聰明的高階主管之一，而且無比重視細節。他知道每個業務單位上一季度的所有數據。假如財務報表存在讓他困惑的地方，他敢肯定問題源自原始資料，而不是他的記憶或業務能力。與商界領袖開會時，他尤其以探討問題的深度出名。

回到家、脫掉威靈頓長靴後，萊納爾的妻子注意到了他的表情，詢問他是不是出了什麼事。「只是一種直覺。」他說。

第二天，他將一個資料夾扔到前一天做出保證的團隊成員的辦公桌上。「再檢查一次風險計算。」他要求道。整個團隊手忙腳亂地又算了一遍，隨後向他彙報，所有資料看上去確實沒有問題。

然而，萊納爾走過來，向在場的所有人提了一個問題：「你們相信這些數字嗎？你們百分之百確定第十五頁的這個特定數字是正確的嗎？你們是怎麼得出這個計算結果的？你們會用生命保證這個數字是正確的嗎？」

場面很尷尬，在場所有人都覺得不舒服。

萊納爾拿著資料夾找到人資長，經過四十五分鐘的深入討論，透過技術性的財務計算，他們發現目標公司的養老金計畫中，存在一個可能帶來毀滅性後果的潛在風險。在這之前，無論萊納爾還是人資長都沒發現這個問題，當然，其他人也沒注意到——連目標公司的財務長都沒發現（如果你相信這個說法的話）。

萊納爾的團隊對他充滿敬畏，又深感慚愧。在團隊的幫助下，萊納爾為公司執行長準備了一份報告。他建議公司修改收購協議，如果不能修改，那就停止收購。

執行長和董事會對萊納爾充滿感激，感謝他又一次讓公司免受不愉快的意外與大量金錢損失。分析師也對萊納爾大加讚賞，他們知道萊納爾是靠得住的人，知道他的預測和精確的計算值得信任。分析師的信任最終也反映在了公司的股價上。

所有人都認可萊納爾是這次收購交易真正的英雄，在這個案例中，他做到了其他人做不到的事情。在以專業技能為基礎的領導力中，他運用了最積極、最有建設性、最有價值的那一部分。

基於專業的心態

對萊納爾來說，他的能力完全體現在日常工作中。像他一樣優秀的專家型領導者總是能幫助公司實現卓越的經營目標。全面掌握特定領域的知識，知道如何利用這些知識提升團隊及公司的表現，理想狀態下，**專家型領導力**（Expert Leadership），我稱之為「**E型領導力**」，意味著專業與領導這兩點的強力結合。

類似萊納爾這種在商業領域具有較高地位的專家大量出現，是一個較新的現象，知識經濟的發展，使得公司開始將運營延伸進高度技術性領域。放在過去，想掌握上市公司財務方面的知識，只需要接受幾年會計培訓、擁有幾年商業工作經歷。到了二十世紀九〇年代，企業財務工作開始向專業化方向邁進。哈佛商學院的羅伯特・艾克斯（Robert Eccles）指出，一九五八年，聯合技術公司（United Technology）的財務長只需十六頁的報告就足以掌握充分資訊；到了二〇〇八年，每年財務報告的頁數已經達到九十八頁。如今，這個數字超過了一百八十頁。[1]

最優秀的專家型領導者究竟能帶來什麼？

想要回答這個問題，我們首先需要退後一步，了解所有領導者需要做什麼。**每個領**

導者都需要知道如何增加價值，如何完成正確的工作，如何與他人互動，這是領導力的三個基本面向。我會在這本書中反覆提及這個框架。

讓優秀的E型領導者與眾不同的是他們面對上述三個基本面向的心態。換句話說，心理模式是優秀領導者與其他人最主要的區別。利用自己掌握的知識、智慧以及保護公司的責任感，專家型領導者可以為公司及其所在團隊增加價值。他們的工作注重細節、精準到位，而且關注解決深層次問題。他們經常參與公司長期戰略的制訂與發展方向的決策。專業技能帶給他們的信譽感以及他們掌握的資訊，就是這些人在公司裡與各級別同儕互動的基礎。

大多數領導職位，是專家型與非專家型角色及活動的混合體。很少有管理型職位是單一的專家型或非專家型。因此，在討論專家型領導力的要素時，我會集中關注領導工作中以專業技能為基礎的部分。我的目標就是突顯出專家型領導力和非專家型領導力之間的區別。

接下來，讓我們近距離觀察出色的專家型領導力。了解專家型領導力的最好辦法，就是考察與這個角色有關的一切期望，包括來自上司、同事、下屬以及外部組織的期望。從期望角度出發，我會依次思考出色E型領導力的三個面向。

如何增加價值

對細節的追求讓萊納爾備受尊重。只要涉及財務數字，他就極具戰略眼光，且能夠全力投入。同事與公司董事會成員均認可他擁有某種智慧，我稱之為「深度智慧」。

萊納爾擁有完美的直覺，知道採取哪些實際行動才能解決問題。由於對相關領域的理解極為透徹，萊納爾甚至有一種特殊能力，可以感知整個專業領域正在發生的一切。他依靠直覺發現收購協議有毛病，加上面對問題的後續操作，就是一個好的案例。

深度智慧總結了E型領導者如何增加價值，不過，若是想弄清楚其中的細微差別及後續影響，我們就需要了解其中包含的領導力要素：增加有形價值、控制品質與風險、貢獻特定知識及獨自完成工作。

增加有形價值

上司、下屬和公司的外部觀察員均期望E型領導者在確定框架內，完善細節後，以豐富的知識與經驗為基礎，嚴格按照邏輯做出決策。

E型領導者看得見的貢獻，通常包括有能力突破官僚主義的局限、直擊問題核心，他們的天賦與能力對所在公司具有相當重要的價值。航空公司的人如果遇到引擎系統問題，他們通常不願意和總經理討論，而是想和設計引擎的工程師直接交流。E型領導者能讓這變為現實。

E型領導者可以隨時很明確地指出自己為公司及團隊所增加的特定價值。每天下班回家時，為公司做出的貢獻能讓他們自己感到滿意。

管控品質與風險

這個問題反映的是領導者對自己在公司中扮演的角色及擔當的職責抱有怎樣的想法。總的來說，外界期望E型領導者能夠保護公司、客戶及其消費者。

我知道，這個籠統的說法無法讓人滿意。現實中肯定有不少E型領導者，比如研發部門領導、市場專家、銷售主管等，他們的工作重點不是保護，而是去探索新機會。不過，就我接觸的E型領導者而言，大多數人需要在具體工作中承擔相當程度的防禦性職責。最好的例子就是萊納爾說過的話，他告訴我：「我的工作，就是保護公司。」

當時我不太能理解他的這句話，可是認真思考後，我發現他的說法很有道理。公司高層希望帶著安全感推行戰略，希望公司免受衝擊、不要犯錯。他們在工作中依賴E型領導者，因為後者能確保公司得到安全保護。

法務部門理應讓公司免於法律糾紛，財務長應當幫助公司規避財務及監管陷阱，風險負責人應當了解所有風險以保護公司。

一般來說，伴隨保護職責而來的通常是控制欲。多數強勢的E型領導者都擁有強烈的控制傾向。最優秀的領導者並非獨裁者，也不會事必躬親，但在能控制品質、明確知道組織的發展方向時，他們才最放鬆、最舒服。對E型領導者隱瞞資訊就是自找麻煩。

為了幫助你了解典型的E型領導者，我決定再講一個和萊納爾有關的故事。這個故事可能不夠跌宕起伏，我的本意也不是突出他高大光輝的形象。講這個故事，只是為了更了解他的思維方式。

就在成功發現收購計畫存在漏洞的幾週後，一次，萊納爾參加董事會會議，他的同事在會上提出了一個創新想法。公司當時正大力推動創新，他們希望以包容、接納的心態鼓勵員工提出各種新方案。然而，萊納爾對這個特定提案很熟悉，並且不看好提案人樂觀的未來盈利預期。在對方做完陳述後，萊納爾提出了自己的想法。

沒過多久，董事會成員開始暗示萊納爾話說得太多，而且表現出了不必要的負面態度。其中一個人說：「說得很好，萊納爾，但是現在沒必要過度追究數字問題。」然而，萊納爾並沒有放棄表達他的主張，這也讓董事會主席出現了明顯不耐煩的表情。「我們還有機會去研究數字。」董事會主席暴躁地說道。對提案人做出鼓勵後，董事會主席結束了討論。

萊納爾也被氣到了。後來他告訴我，他敢肯定自己對提案的看法是正確的，對此我也沒有絲毫懷疑。他還說，他並不是態度負面，只是從實際情況出發說出自己的想法而已。可事實是，有時他過於精通財務，導致他只會從財務角度思考問題。

萊納爾的出發點是保護公司不犯錯誤，並且控制住局面。他不明白，有些時候支持尚不完善的計畫同樣具有重要價值。這樣的局限性，也是與他的個人優勢不可分割的重要部分。他不能容忍不準確的陳述和缺乏深度的說法，也無法容忍他眼中的平庸。

貢獻特定知識

E型領導者總要面對數量眾多的重要細節。對法務長來說，這些細節可能是字斟句酌的合約文本；對風控長來說，這可能是錯綜複雜的數學模型；對醫藥公司的醫療長來說，這可能是藥物相互作用的資料；對人資長來說，這可能是不同國家的不同勞務合約的法律法規。而你需要負責的細節可能同樣複雜。

人們期望E型領導者能夠掌握所有細節問題。這意味著他們需要知曉大部分數據，才有辦法迅速獲取剩餘資料。人們希望E型領導者能夠回答利害關係人提出的所有問題，確保團隊工作精準無誤。

下屬在面對技術性難題時，也期望E型領導者成為他們的搭檔，積極主動地思考。萊納爾依靠強大的專業能力領導他人。團隊成員願意與他合作，是因為他擁有強大的知識去解決難題。同時，他們也期望他成為老師、教練，協助自己培養專業能力。萊納爾不僅滿足了這個預期，而且做得更好。他的目標是培養一批立志成為頂尖技術專家的經理人。有誰在分析、注意細節、深入思考、持續向他發出挑戰方面表現優異，他就會關注並重視這個人。

萊納爾手下的一個年輕人被派去擔任執行長的執行助理。這樣的職位通常被看作發展機會，因為它通常會涉及不同領域的具體工作，還能了解頂尖團隊的決策流程。萊納爾同意這項任命，只是因為這個人並非他的團隊中最頂尖的人才。當這個人調回財務部門時，萊納爾對他也沒什麼興趣。這個人錯過了幾年培養自身財務能力的時間，減少了自己對財務部門的價值。

獨自完成工作

儘管E型領導者通常依靠專業網絡及人脈獲取建議及指導，但各方均認為他們需要深入研究細節、獨自完成大量的工作。

很多時候，E型領導者的信譽在一定程度上源自他們對工作的實際參與程度。萊納爾的公司依靠複雜的財務業務賺錢，這是一家從上到下由專家領導的公司。因此，高層團隊高度重視專業能力以及專家型領導者親自參與細節的能力，也就不讓人感到意外了。有一個例子足以說明他們的思維方式。一位高階主管向我抱怨公司的法務長似乎不熟悉債券市場的收益率曲線。實際上，人們對法務長的不滿主要集中在，面對難題時，他總是尋求外部幫助，而公司其他人卻認為他應該熟知相關問題的所有細節。這足以說明這家公司的企業文化。

萊納爾的另一個特點，或者說他的另一個問題，就是他傾向於認定其他領導者擁有和他一樣多的專業知識。公司管理層時不時因為他對高階主管的過高期望而感到惱火，因為萊納爾在董事會上批評不成熟提案，而惹怒其他高層。萊納爾往往認為其他人和他一樣聰明，有能力全面理解他談論的話題。由於自己能做的事太多，E型領導者有時會忽視其他人的實際能力。他們不了解別人的局限。

不過，總的來說，想像一下該公司財務部門工作的情形，如果你想在財務領域發展，你願意跟著萊納爾這樣的E型領導者，還是願意在一個對財務一竅不通的總經理手下工作？這就是很多人願意為萊納爾工作的原因。

如何完成（正確的）工作

隨著萊納爾不斷升職，他承擔的責任越來越多，頭銜也有多次改變，但他的具體工作基本保持不變：坐在辦公桌前做自己擅長的事情。儘管他的報酬越來越好，但外界仍然希望他擔任「製作人」的角色，通過個人努力貢獻個人價值。對E型領導者來說，「做事」是他們角色的核心構成。萊納爾的上司對他就是這樣要求的，而他對自己的團隊也有同樣的要求。

以「搞定工作」的標準為前提，E型領導者通常具有五個特點：居中掌控、依賴專業技能和連結、深入研究、注意力高度集中、做出正確決定。

以下將依序做出解釋。

居中掌控

高層管理團隊、同僚及外部利害關係人通常認為，大多數技術業務環節存在明確的對錯之分，員工需要明確的行動指示。因此，他們鼓勵或者至少願意容忍E型領導者的直接管理行為。通常控制欲較強的E型領導者也樂於承擔這樣的責任。

根據我的經驗，下屬通常會形成一種預期，也就是E型領導者了解事實後，會給出他們的觀點並迅速做出決定。下屬也期望E型領導者會徵求他們的意見——他們的觀點是領導者思考的原始資料。在一個運作良好的E型領導環境中，員工負責為領導者提供高品質的資料，領導者負責整理、解讀、行動。

團隊成員可能試圖影響E型領導者的決策，但所有人都知道，最終決定權掌握在領導者手裡。只要得到機會，很多E型領導者會迅速展現出權威。這並不會給人專橫的感覺，因為眾人期望單方面下決策，而E型領導者懂的更多。

做為交換，下屬通常希望能與E型領導者時刻保持接觸，可以隨時討論任何細節問題。團隊成員會與領導者探討實際出現的問題，認真思考後續影響，並解決技術上的困難。比如，我們如何修補系統使之更好地運轉？重新設計某個部分會對引擎的排放要求產生什麼影響？他們希望E型領導者成為思維過程的搭檔，能夠理解問題的複雜性。

萊納爾就是極好的例子。他花大量時間和其他人相處，了解對方的工作進展。他的下屬不覺得這是微觀管理（micromanagement，編按：指管理者對每個細節都要管）。他們欣賞萊納爾想要了解一切的心理需求，也明白萊納爾一直以來的工作方式教會了他們如何高效工作。

依賴專業技能和連結

上司、同事和外部人員期望E型領導者能夠仰賴能力突出的一小群人，並與他們保持順暢溝通，這小群人包括擁有相似技術背景的團隊成員和專業人士。

領導者應精通特定專業領域，這能讓他們在溝通過程中充分信任自己的觀點。在同一領域工作並晉升的經歷，可以連結起領導者、團隊成員和專業人員之間的交流。

深入研究

對E型領導者來說，不存在無法獲取的資料。外界均預期，無論是有關客戶、品質、營收還是支出的資訊，E型領導者都非常熟悉，知道如何將點連成有條理的故事。萊納爾的一名下屬負責一個監管機構要求的三年專案，萊納爾每週都會與他見面，了解專案的進展。每次見面，兩人都會深入討論專案的特定問題。

下屬同樣期望領導者幫助團隊開展工作。可能是傾聽下屬的講解，並示範如何完成特定部分。每週彙報工作時，萊納爾和下屬的大多數時間都用在共同解決棘手的難題上，而這也意味著領導者需要一起完成工作。E型領導者非常享受親手做事的感覺。

注意力高度集中

在外界的預期中，專家型領導者理應有時間集中精力。他們應當管理自己的時程，這樣才有時間思考並完成專業工作。他們將大量時間投入到研究、討論特定問題之中，最少也要去監控相關問題的進展，認真對待每一個細節。

做出正確決定

E型領導者應當在取得大部分或全部資料後做出決定，而不是過於依賴本能。即便這一類領導者需要依靠直覺，但就像萊納爾在收購協議中尋找漏洞一樣，直覺也需要得到證據支援。人們期望他們的分析正確無誤，或者盡量接近完美。不管怎麼說，準確性最為重要。E型領導者也需要按照分析做出合乎邏輯的決策。

我們已經了解了領導力三個基本面向中的兩個，無論是「增加價值」還是「完成工作」，均與專家型領導者的存在直接關聯。現在，只剩下一個需要考慮的面向，那就是如何與人互動。

如何與人互動

這項領導力包含多個層面，比如相信自己能出色地完成工作、依靠理性的討論、針對事實對話、古怪的性格被人接受，以及因特定知識而領導。

相信自己能出色地完成工作

這裡的重點是「自己」。人們期望E型領導者對自己的能力擁有巨大的信心。當然，這樣的領導者必須相信團隊及其他人在特定領域的能力，但他最信任的永遠是自己。

依靠理性的討論

任何與E型領導者討論的人都知道，經過充分爭論，最理性的觀點最終會成為最佳選擇。重要的只有邏輯與合理性。

針對事實對話

外界普遍認為，E型領導者的主要興趣集中於事實。憑藉自己豐富的知識，他們可以進行幾小時與事實有關的討論。

古怪的性格被人接受

即使E型領導者的性格有些怪異，也不會有人在意，甚至會喜歡上他的古怪（暴躁的脾氣、不讀不回訊息之類的）。隨著逐漸熟悉，其他人也會喜歡上這樣的性格。

因特定知識而領導

E型領導者擁有的知識，是其他人追隨他們的根本原因。正是因為擁有豐富的知識和專業能力，這樣的領導者才知道正確的前進道路。

他的世界的掌控者

E型領導者擁有強大的影響力——資訊就是力量，而他們擁有海量的資訊。無論在公司內外，這樣的人都會受到重視，獲得尊重。

萊納爾喜歡時時刻刻被重要數據包圍的感覺，他喜歡在這種環境下工作。證明自己的直覺、花費四十五分鐘和人資長詳細討論所有數字，這個發現問題的過程遠比遊玩、聽演唱會、滑雪度假或釣魚更能讓他感到快樂。

萊納爾最喜歡探索的正是數據：數據就像一個複雜的難題，向他發出挑戰。萊納爾的決定建立在精準與控制的基礎上，一旦他理解了問題所在，他就認為自己有責任阻止公司收購有缺陷的目標，走向不可控的方向。

萊納爾的努力和決定得到了由眾多經驗豐富的財務專家組成的團隊的支持，這些專家也精通財務的各個環節。萊納爾知道，團隊成員非常敬仰、尊敬自己。他們不介意萊納爾與周邊環境格格不入，比如他不擅長眼神接觸、沒有興趣閒聊等等。

團隊成員已經習慣萊納爾強硬、不說廢話且高標準的工作風格，習慣萊納爾失去耐心時會發脾氣的毛病。他們容忍萊納爾偶爾的過分舉動，比如當他認為其他人工作不合格時會用紙團砸對方的習慣。可以說，害怕萊納爾的下屬早就辭職了。

萊納爾不介意接手最難解決的難題，這反而能讓他堅定自身價值。他意識到團隊成員的專業技能永遠無法達到他的高度，而這在一定程度上為他帶來了滿足感。

出色地因應一個又一個挑戰，積累了一次又一次成功後，E型領導者不僅覺得自己比其他人更聰明，而且會在自己的世界裡產生控制感與安全感，能夠自在地工作和生活，成為無所畏懼、令人信服、具有影響力且不可或缺的人。

可是前提是，他們不會進入一個完全陌生的世界。下一章，我們將會看到他們進入陌生環境後會發生什麼。

第二章

領導者的四個挑戰

和萊納爾一樣，索尼婭也是極為出色的專家型領導者。她在一家美國大型房地產管理與投資公司的芝加哥分部工作。她的工作是對類似辦公空間及購物中心的商業地產的潛在投資機會進行分析，評估商業風險與回報，並向客戶推薦商業機會。她非常了解市場、風險及機會，極其熟悉自己的工作領域。

索尼婭的父親是一位房地產開發商。她大學畢業後不久就被房地產投資吸引，對結果的不懈追求讓她脫穎而出。

索尼婭承認自己不是一個典型的經理人。她對團隊建設或友好溫暖的工作氛圍毫無興趣，最關心的只是她和團隊的工作成果。達不到她的標準，就只能離開。

「我的真正價值，就是能創造價值、完成工作並且賺錢的個人能力。」索尼婭說。她還用獨特的坦率口吻對我說：「實際上，更重要的是我的表現，而不是團隊的表現。不要理解錯誤，我的團隊能夠提供支持，但我的努力才是成功的關鍵。」

得到晉升後，她讓自己成長為優秀的戰略家及經理人，以此回饋公司。與此同時，她仍然在用自己的方式做事。

「我成為優秀領導者的原因，是我知道如何讓團隊拿出更優秀的表現，」她說，「他們之所以重視我，是因為向我學習可以進步，也能賺到更多錢。」

公司的後起之秀都想進入索尼婭的團隊，而那些進入團隊的人均成為忠於她的人馬。他們欣賞索尼婭的才華，饑渴地吸收她的見解，原諒她有時過於草率的決定以及面對挫敗時的過激反應。進入索尼婭的小圈子是一件讓人興奮的事。成為公司中最有性格、最高效的投資團隊的一員，每個人都陶醉於其中。

公司高層同樣欣賞索尼婭的優點，並且告知她，她可以進入公司最高級別的管理團隊。索尼婭和公司認定了同一個職位：拉丁美洲房地產投資部門主管。索尼婭能說一口流利的西班牙語，一直對投資拉丁美洲充滿興趣，她也知道自己需要具備國際業務經驗才能進入高層行列。想做好拉丁美洲地區的工作，同樣需要索尼婭所擁有的所有專業能力、個人行動力以及強硬的性格。當然，索尼婭還得學習葡萄牙語，但她並不覺得這會花費很長時間，況且絕大多數會議是使用英語。

我非常欣賞索尼婭願意邁入未知世界的意願。大多數E型領導者不會邁出這一步，他們會把晉升到重要崗位看作通向失敗的起點。索尼婭則是一個願意承受風險的人。她知道，不冒險，自己就不能學到新東西，自然就無法實現個人的最終目標。

儘管她本人非常積極，但晉升的時機總是模糊而遙遠。公司希望在「某一天」完成這個轉變，而目前該地區主管亞倫的工作同樣出色，眾人都認為短時間內不會出現工作變動。

因此，當亞倫突然被競爭對手挖走時，所有人都感到震驚。

「公司放他走讓我非常生氣，」索尼婭說，「我很清楚，他的離開留下了一個所有人都會感受到的巨大空缺。我們需要迅速補上那個職位空缺。」

索尼婭接受了匆忙狀態下的晉升，成為拉丁美洲房地產投資部門主管，這個調動在公司看來甚至有點不成熟的感覺。她將領導一個橫跨十個國家、使用三種語言（英語、西班牙語和葡萄牙語）的龐大團隊。

索尼婭知道自己還沒完全做好準備，但她也知道自己已經做了很多鋪墊，其中包含她的房地產及投資知識、她的工作熱情，以及儘管她是「反管理」（anti-manager）的類型，但一直以來她在管理方面仍算是成功的。她將全身心地投入到新工作中。

挑戰一：這個女人是誰？

索尼婭在巴西聖保羅的第一週一眨眼就過去了，就像她見過的面孔、聽到的名字一樣轉瞬即逝。她去了十座城市的分部，見了很多員工，也專程去了辦公室和每位員工握手寒暄。

索尼婭能夠輕鬆應對這樣的短暫會面。她知道在這種場合下該怎麼說話，部分原因可能是她的思維比其他人更快。在員工轉身與她交流的短短幾秒鐘裡，她總能找到可以交流的話題，比如看到辦公桌上的公益嘉獎或是書架上的照片時，她都能借題發揮，順暢地與人交流。儘管日後記不清自己的交流對象，但索尼婭相信自己已經給對方留下了深刻的印象。

接下來，索尼婭向下屬發放備忘錄，告訴他們自己辦公室的大門永遠敞開，而且她會親自、迅速地回覆電子郵件。她計畫依靠其他經驗豐富的員工幫助自己站穩腳跟。（索尼婭自己也是寫文章的高手。）

索尼婭覺得，自己已經為第一次對員工演講奠定了良好的基礎。她自信地打開麥克風，開始對大會議室裡的一百五十名員工講話，她的演講同時在其他辦公室直播。索尼婭說她很高興有機會領導這個部門，她看到了這個區域無限的發展潛力。演講完畢，會議室裡響起了掌聲，人們紛紛向她表示祝賀。

在那之後，經過走廊的索尼婭無意間聽到了兩名員工的對話。雖然兩人身在她視線之外的茶水間，但索尼婭能清楚地聽到他們說的每一句話，鼓舞的話語讓她心跳加速。最初她以為兩人談論的是她的演講，然而，她很快反應過來，兩個人說的是前一任主管亞倫。她聽到了「不可替代」這個用字。說話的兩名女性也提到了索尼婭，但內容卻不是她想聽到的。「這個女人是誰？」其中一個人問道，「她對我們這個地區有什麼了解？我不想和她一起工作。」

索尼婭深受打擊。她是誰？居然有人提出這種問題，過去幾週她不是出現在新地區的各個角落並介紹過自己嗎？她不是剛剛花了二十五分鐘對他們進行演講嗎？她不是剛剛向他們講述了一個市場機會嗎？他們怎麼會不想和她一起工作？

無意間聽到這段對話後，索尼婭對員工的看法發生了變化。不再相信員工真的會全心投入，也不再相信自己讓員工留下了深刻印象。索尼婭想知道：所有人的目標一致嗎？我怎麼才能讓他們變得忠誠？我必須開除很多人才能獲得自己想要的強力團隊嗎？我需要做什麼才能趕走「不可替代」的亞倫的陰影？

挑戰二：未知的派系

索尼婭對亞倫有著很深的印象。事實上她和下屬一樣推崇亞倫，因為他一手打造了拉丁美洲部門的成功，所以她能理解下屬的失落感。然而，索尼婭無法理解仍然瀰漫在整個部門的沮喪氣氛，特別是技術部門。

以技術為導向的人如今在母公司及各個部門隨處可見，不僅數據分析需要他們，人資部甚至投資部門也需要他們，因為整個公司已經進入數位化階段。然而，索尼婭始終無法與技術專家形成共識。她無法理解對方的思維方式，不知道對方在公司追求的成就是什麼。這些人似乎擁有自己的文化，而索尼婭無法理解這種文化。他們冷酷的表情似乎表明，對一切「老派事物」——非數位化的一切——他們都採取了一種高高在上的批判姿態。

巧合的是，索尼婭抵達聖保羅後不久就見到了很多這樣的人。週四下午，他們抽出幾小時在公司餐廳一起玩網路遊戲。想像一下，所有員工同時中斷幾小時的工作是怎樣的一番情景！當索尼婭去自動販賣機買蛋白棒補充能量時，她根本不知道也不理解眼前的一切。

有人看到她後停下遊戲，即興為她做了介紹。這有點像暫停看電影，向一屋子害羞的年輕人介紹家長一樣。人們的反應也很冷淡。索尼婭說了幾句話，她覺得自己就像一個過時的傻瓜。

索尼婭經常聽到技術人員像茶水間的兩名女員工一樣對亞倫大加讚揚。顯然，亞倫與程式設計師們建立了強大的聯繫，而這樣的聯繫似乎讓索尼婭沒有任何贏得程式設計師信任的機會。最讓人困惑的是，索尼婭確認亞倫本人並不是技術人員。他究竟如何獲得特定知識，使得自己能夠與這些技術人員打成一片？索尼婭完全想不通。也許只是因為亞倫是男性，也許他會同意對方的任何要求。亞倫的心腸有時很軟。

如今，距離索尼婭的演講以及遊戲事件已經過去了兩週，一個技術團隊正在她的辦公室和她會面。然而，會面主題卻完全不在索尼婭的理解範圍內。兩名技術經理和兩名軟體工程師向她提出一個投票系統的提案。

投票系統？索尼婭有點糊塗了。她問道：「誰為了什麼投票？目的是什麼？」

原來，軟體工程師不喜歡未和他們協商就指派任務的做法，而技術經理完全認同工程師的看法。技術部門的所有人都想要一個協作性更強的工作環境，而且他們認為嘗試各種創意能對創新產生巨大的推動作用。於是技術人員設計了一個線上系統，這個系統可以讓他們和不同部門的經理一起提議、審查、討論並對各項創意進行投票。工程師也可以利用這個系統，從一系列選擇中挑出自己喜歡的工作。技術團隊正在爭取索尼婭的批准，以便正式推出這個系統。

這一切發生得太快了。索尼婭心想：為什麼她在過去的工作中從沒聽說過這種事？一家公司怎麼能讓工程師挑選工作？

索尼婭懷疑，技術人員想在她的眼皮子底下擴張神祕可疑的技術文化。他們為什麼會在現在、在她任職初期提出這個方案？他們想利用她缺少相關背景知識的弱點嗎？

索尼婭沒有表露出任何負面情緒。相反地，她假裝成很關心的樣子。她先為自己對這個話題沒有深入了解而道歉，進而詢問系統的造價會不會讓人不安？這個系統是否是實現創新的最佳方法？以及這個系統只在拉丁美洲分部使用，公司其他部門不使用是否合理？技術經理和工程師做出了回答，但索尼婭並不真正理解他們說的話。

接著，一個經理說：「亞倫在離開前已經準備簽署這個方案了，但他離開了。」

四個人都看向索尼婭，等待她的回應。然而，索尼婭不知道該說什麼。

挑戰三：你的副手在哪裡？

索尼婭終於做出了決定：結束這次會議。

她做得很委婉，編造了一個藉口，說公司總部突然提出了工作要求。她感謝技術經理和程式設計師為這個系統所花費的時間，並且要求他們提供與系統相關的資料，以及其他公司使用類似系統的資訊。

他們看上去都很失望，但索尼婭絕不會因為一群人說亞倫已經要批准，就倉卒地同意一件事。

他們離開後，索尼婭因為自己不了解技術人員的日常工作而煩躁苦惱，而且技術經理似乎更寧可將她蒙在鼓裡。儘管在關鍵決定時，這些人在行動前會申請她的批准，但他們並沒有透露很多自己部門的資訊。索尼婭擔心自己被隔離在整個工作領域之外。她擔心技術部門可能出問題，而自己會在一無所知的情況下被追究責任。

這套投票系統給索尼婭一種浪費資源的感覺，這些都是年輕一代關於群眾外包（crowdsourcing，編按：利用網路將工作公開出去給不固定的一群人來做）和自我管理不切實際的幻想。如果批准啟用，這個系統可能擴散到技術以外的其他部門，導致一些工作無法完成，特別是那些瑣碎無趣的工作。

敲門聲很快讓索尼婭忘記了自己對技術部門的擔憂。敲門的是她的團隊中的頂尖成員，請她查看一下電子信箱。公司拉丁美洲部門的主管發了一封郵件給索尼婭，這個人也收到了副本。郵件的內容不僅涉及房地產投資，也與房地產管理和其他業務部門有關。智利政府對公司在智利的一些投資提出了質疑，而拉美部門的主管必須給出答案。

索尼婭早已熟悉這類工作，她知道怎麼應對資料。接下來的幾天，索尼婭天天在電腦上查看資料。出席臨時召開的危機應對會議時，她非常自信能夠回答智利政府官員提出的任何問題。

然而，拉美部門主管米格爾的要求卻讓她措手不及。米格爾告訴索尼婭，他希望她首先簡單地說明自己的三個主要觀點。

索尼婭翻看手中的資料，試圖迅速思考：我的三個主要觀點是什麼？一個人怎麼能靠三個條列式要點做出決定？

米格爾突然問了一句：「順便問一下，你的副手在哪裡？」

「抱歉，你說什麼？」

米格爾解釋說，他指的是索尼婭團隊裡的頂尖成員，也就是昨天敲門通知她看郵件的那個人。她不知道那個人在哪裡，並如實回答。米格爾看起來不太高興。「他應該在這的。」米格爾說。

會議繼續進行，索尼婭首先提出了三個主要觀點，但她的心一直沒有放下來。米格爾為什麼問起她的團隊成員？米格爾不相信她嗎？

索尼婭似乎理解不了其他人的期望。會議結束後，她試圖思考自己能尋求誰的幫助，但她一個名字也想不起來。她的前夫是費城的律師，也是她最親密的朋友。然而，他正在處理一個棘手的案件，沒有時間和她談心。另一個可以提供幫助的人是索尼婭的父親，但他也不在美國。

幾天後，同一群人（兩名技術經理和兩名程式設計師），再次找上門來討論投票系統時，索尼婭的沮喪心情仍未平復。她沒有時間做研究，於是她選擇了虛張聲勢。

挑戰四：應該有個流程

「我研究過了，」她說，「我理解潛在收益，但我討厭浪費資源。因此很遺憾，我只能要求你們結束這個專案。」

他們震驚到陷入了沉默。

索尼婭繼續說道：「這個專案與利潤無關，後者才是公司的核心目標。在工作中，我從始至終關注的只有結果。透過找出並避免使人分散注意力的因素，我取得了很好的成績，這是我的職責。你們的提議，就是一個巨大的分心事物，人們會因此失去對利潤的關注。」

他們仍在沉默。索尼婭繼續說道：「如果你們這麼不高興，得問問自己為什麼。為什麼工程師們會不高興？工作環境究竟出了什麼問題？想辦法做出改善，但不要創造一個成本頗高的低效系統。」

持續沉默。

「很抱歉這麼直白，」她說，「我就是這種風格，你們會習慣的。」

終於，一個技術經理說話了：「我不認為你這樣就能砍掉一個專案，這裡不是這麼做的。」

「抱歉，你說什麼？」

「應該有個諮詢流程，」他說，「這個專案已經進行很長時間了。我們做了很多研究，投入了很多精力去研發。亞倫，對不起，我的意思是前任主管，確立了重大決策時的合作文化。每個人都是這麼想的。」

「我相信好的流程，」索尼婭說，「但這件事上我必須採取行動。我要停止這個專案，如果未來公司業務能夠穩定增長，也許我們可以重新啟動。」

局面迅速惡化，技術人員很快離開了辦公室，而索尼婭也非常生氣。她的話過於直白嗎？她完全相信自己說出的話，過去她也因為對分心因素的強烈第六感而取得過成功。整個職業生涯，為了最終的工作成果，她都能發現並避免讓人分心的因素。她需要把這種工作方法和態度教給現在的團隊。

索尼婭想知道技術人員回到自己的部門後會說些什麼。她猜測對方會舔舐傷口，談論亞倫做上司時的美好時光。

索尼婭知道自己很脆弱。儘管有公司最高層做後盾，但她實際上仍在試用期。每個人都在盯著她，想知道她會拿出怎樣的表現。

她不知道自己該做何期待。工程師們會重新集結嗎？她的拒絕是否會刺激他們繞過她，向母公司或董事會表達不滿？

索尼婭沒有料到的是，當天和她見面的一個經理後來決定請辭，並且帶走了幾個核心員工，導致整個技術部門陷入混亂。

本能在過去幫了索尼婭大忙，但她從未在這麼短的時間遇到過這樣複雜、繁多的挑戰。這個職位是不是超過她的能力範圍了？她是不是沒能理解一些重要資訊？

不管怎麼說，公司究竟對她有什麼期望？亞倫這樣的領導者究竟擁有哪些索尼婭缺失的特質？你會怎麼做？這些都是好問題。

第三章

整合領導

想確定一家公司的職員對其領導者究竟有怎樣的期待，並不是一件容易的事。在這個問題上，也許你能感同身受。有時經理希望你關注大局，有時他們又希望你了解所有細節。有時候高層自己都不知道想要什麼。然而，在如今的經濟環境中，有一個趨勢越發明顯：公司不希望晉升的領導者成為「全才」。

一九八〇年代以前，很多公司仍然選擇全才型領導者，而且把全才主義當作信條。全才主義者聲稱，公司可以培養出眾多具有「可替代性」技能的經理人，這樣的人可以領導任何團隊，可以在需要時進入任何業務領域工作。這種假設的前提是，全才可以輕鬆學會某業務的特定知識，或者這些知識根本不重要。展現出潛力的個人需要接受大量綜合管理的培訓，中間管理人員數量龐大。公司透過綜合管理，創造了一條從個人貢獻者到團隊領導，再到經理部門領導的晉升之路。

然而，幾種力量聯合在一起，讓總經理的數量越來越少。首先，知識經濟的迅速崛起讓公司更加重視一個人掌握的知識、專業技能和經驗。其次，為了因應一九八〇年代初、一九九〇年代和二〇〇〇年代初的幾次經濟衰退，各個公司都在強化自己的競爭力，往往會追求扁平化組織、減少等級制度，由此降低了中間管理人員的價值。「去層級化」成為流行語，機構精簡橫掃商業界。百事公司和聯合利華過去被視為培養總經理的最佳學校，如今其員工規模也只有顛峰時期的一半。再者，每次金融危機後，政府都會加強監管。為了讓立法者、董事會及消費者滿意，公司需要讓專家擔任越來越高、越來越重要的職位。還有誰比一個經驗豐富且精通所在領域的專家更適合做領導者呢？

這個趨勢不斷發展，最終形成了現在的態勢。綜合型經理人越來越少，專家型經理人越來越多。很多公司的人力資源部門主管會告訴你，成為全才已經不再是進入高階主管的晉升途徑，因為很多管理職位不適合只能提供管理能力的人。公司需要且重視的是深度的專業技術知識。

這很容易讓人產生困惑。公司通常希望專家在晉升過程中仍然能做出個人貢獻。領導者有時會被稱作「選手／教練」或「製作人／經理」，人們期望他們花費一部分時間（很多情況下是大量時間），既能創造價值又能進行管理。一個經理擁有十三名下屬，這十三名下屬又分別擁有各自的團隊，這個經理可能仍然需要以個人貢獻者的身分創造價值。

我隨時都能見到以下情況。在倫敦的一家大型律師事務所裡，部門主管（放到公司背景下，職位僅比執行長低一級的人）仍然需要親自辦理案件、處理客戶的委託。還有一個例子，一家投資銀行交易部門的專家型經理除了管理自己的交易，還要領導紐約、倫敦和香港地區的辦公室，而且她的老闆不想讓她放棄每天早上七點半到下午三點的日常交易操作，他還讓她在交易時段外擠出時間做管理工作。他提出的建議是「優先排序」，即每天早上跟進倫敦和香港，大部分交易時段操作交易，剩餘工作時間處理管理事務。在他看來，她的專業能力過於寶貴，不應該把精力百分之百投到管理上。實際上，他的明確建議就是將八〇%的工作時間用在專業領域，二〇%用於管理。

這樣的工作安排與人們過去對公司領導者的概念有著天壤之別。正是因為這個原因，經理人通常不理解外界對他們的預期，或不知道外界對他們的衡量標準。索尼婭的上司當然期望她能將自己的專業能力應用於新工作，特別是在確定戰略時，尤其需要她的專業能力。然而，新職位的要求顯然比索尼婭預想的要多得多。

做為一個勤勉認真、具有鑽研精神的人，索尼婭決定更多地了解公司對她的期望。她首先研究的就是讓她最沒有安全感的問題：亞倫擁有而她缺乏的特質。

公司對領導者的期望

索尼婭在新職位已經工作了幾個月，這足夠讓她產生一定程度的穩定感，有機會停下來喘一口氣。她熱切地開始自學，邀請一名技術經理去餐館吃午飯。對索尼婭來說，邁出這一步並不輕鬆，她能感覺到對方的不情願，但她知道自己需要學習。午餐延續到下午兩點以後，在討論中，索尼婭聽到了技術專家們對亞倫的巨大敬意，這種敬意不僅源於亞倫所擁有的技術知識，而且源於他對技術人員的尊重，以及他的判斷力、學習意願和能夠抓住技術問題本質的能力。

索尼婭也意識到，自己的行政助理（也做過亞倫的行政助理）有可能提供有用的線索，於是也邀請她去會議室喝咖啡，徵求對方的意見。她從行政助理的口中也感受到了類似對自己前輩的敬重。

最後，索尼婭直接聯繫亞倫。當亞倫表示願意和她聊天時，她鬆了一口氣。亞倫講述了一些故事，不時夾雜著笑話，他甚至只是輕描淡寫地介紹了自己的管理能力。然而，儘管只是電話交流，但索尼婭還是立刻產生一種感覺，自己被對方的溫暖與熱情緊緊地包圍。

索尼婭提出的第一個具體問題與亞倫的技術背景有關，結果他的技術背景實際為零，他大學讀的甚至不是科學專業。亞倫笑著對索尼婭說，如果她自認為是「老派人」，那他一定來自石器時代，因為他的年齡比索尼婭大十五歲（亞倫這是在稱讚，不過他確實比索尼婭大五歲左右）。

也就是說，亞倫一定能為技術團隊增加與技術無關的其他價值。索尼婭接著問了這個問題。

亞倫首先表示，自己真的沒做什麼特別的事，接著他描述了自己的管理風格。他時不時會特意安排一天大部分的時間與一名程式設計師在一起，不少程式設計師都有和他一起工作的經歷。

「一天都在做什麼？」索尼婭問。

「提問題。」他回答。

「你的意思是確保他們做該做的事？」

「不，不是這樣。我不是在考驗或測試他們，他們會有被冒犯的感覺。不管怎麼說，我其實不理解他們做的大部分事情，我永遠也搞不明白他們究竟是做錯了，還是只想要走捷徑。」

「那這麼做的意義究竟是什麼？」她接著問道。

「就只是為了提問題，這樣我才能用有限的能力去學習。我會讓程式設計師解釋他正在做的事情，我想知道其中的難處，想讓他說出重要的障礙。交流結束後，我能更理解他們在工作中面臨的挑戰，有時還能清楚地知道自己需要在哪裡增加更多資源。」

「提出在對方看來答案很明顯的問題，你會覺得自己很蠢嗎？」她問道。

「當然！不過我每天都覺得自己很蠢，所以這也沒什麼特別的。程式設計師和我都知道他有一份我做不了的工作。然而，我們也知道，我需要對他的工作有一定了解。」

「我想這讓程式設計師覺得自己更有價值。」索尼婭說。

「我猜也是。不過我敢肯定，他們也會生氣我占用了他們那麼多工作時間！」亞倫笑道，「他們真慘。」

「你學到的東西對決策有用嗎？」

「我的實際決策嗎？這個問題不好回答，」他說，「有用，比如要決定是否增加資源、預測是否會出現延遲，或在什麼地方需要推動其他團隊協助解決技術問題，在這些情況下確實有用。」

亞倫說，高層希望看到索尼婭能意識到自己不再是單純的E型領導者，儘管她的新工作仍然有專業技能方面的要求。「他們知道，你需要一段時間才能做好新工作，」他說，「因此他們會保留對你工作成績的評判。不過，有一點他們不想看到，就是不希望你回到過去的領導方式。」

其他部門同級的經理人也會以這種方式看待索尼婭。即便沒有立刻著手實質性的工作，但同事及高階主管都希望看到，她明白自己需要全新的領導方式。

「你的最大貢獻，就是有能力跨越機構界限，看到不同事物之間的連結，去打造穩定性、認可新機會，並且在這個過程中激勵整個團隊。」亞倫說。

他補充道：「認真想的話，這其實挺奇怪的。公司對你擔任這個職務有著更多的期待。與此同時，在把時間用於施展專業能力時，他們的期待又會變少。你需要適應這種情況。」

從索尼婭的沉默中，亞倫察覺到，她對自身的一些E型領導特質有些不滿。於是，亞倫接著說：「你原有的領導方式本身沒有錯，也不算誤導。完全不是！只是與你在新職位要做的事不同而已。」

電話交流結束後，索尼婭把這段經歷寫在日記裡。這個在某培訓項目中形成的習慣，她已經堅持好幾年了。每當試圖回憶自己的領導風格、尋找有用資訊時，日記就會發揮巨大作用。索尼婭還發現，在日記中記錄下大腦浮現的想法後，這些想法就不會繼續消耗她的精力。如今，這個習慣展現出真正的價值，能幫助她快速整理思路。

索尼婭寫到她與亞倫的根本區別：她的信心來自（或者曾經來自）自身對細節的理解。亞倫強大的信心與知識無關，而是來自其他方面。

索尼婭還從亞倫、技術經理及行政助理處了解到，公司希望她能成為整合型領導者（Spanning Leader）。公司希望她的領導力不再以專家知識為基礎，而是要有能力推動、指導、激勵來自不同部門、不同專業領域的人。

索尼婭並沒有使用「整合」這個說法。我不會假裝她掌握了**整合領導力**（Spanning Leadership，我稱為**S型領導力**）的全部，也不會假裝她真的按照我對領導力的特定思考方式整理了思路。不過，假如她理解了全部，而且按照我的方式整理了思路，她的日記可能就會呈現以下形式（你會在第一章中看到類似的框架）：

如何增加價值

認可自己增加的無形價值

「你需要足夠去了解到各個部門如何融合在一起，但不要試圖理解技術專家們知道的一切，」亞倫說，「不要試圖審查每個環節的工作。」

亞倫其實在對索尼婭說，外界期望她能展現出**廣度智慧**，這與深度智慧天差地別。深度智慧在於精通某類知識，而廣度智慧則在於擁有大局觀。每個領域都涉及獨特的技術，廣度智慧能讓你的視野跨越領域之間的藩籬，看到其中的關聯，知道一個領域的決定將對其他領域產生怎樣的影響。

優秀的S型領導者儘管承受來自各方及公司上下的巨大壓力，但仍能實現巧妙的平衡。他必須掌握足夠多的資訊，從而能夠保證各團隊可以高效配合，但沒有必要事無鉅細都知道，畢竟不需要他自己來完成工作。他應該了解周圍人的需求，並能夠把公司的目標用簡潔、令人信服的方式傳達給其他人，推動他們走上正確的方向。同樣地，他應該非常敏感，可以在第一時間察覺問題所在，從而將更多精力投入相關領域，從更廣大的範圍獲取資源。

管控戰略焦點與優先順序

所謂的焦點，就是那些決定企業成敗的關鍵因素。換句話說，問問你自己：哪件事如果沒做好就會使其他所有努力付諸東流？

亞倫幫助索尼婭了解外界對S型領導者不一樣的期望。亞倫說，高層希望她能更全面地思考問題。他們期望她為團隊設定方向，確定優先戰略。明確重點、了解先後順序後，她手下的專家才知道自己需要做什麼。

貢獻營運影響力

當所有業務部門聯合在一起，滿足客戶需求、在市場中形成競爭力並創造財務成果時，公司便取得了成功。若缺少這種全面的聯合行動，即便每個部門在各自領域都得到了良好的管理，從長遠看也幾乎沒有公司能成功。在整合的角色上，領導者必須理解公司整體取得成功所需的推動力，並且做出全面的貢獻。高層希望索尼婭能夠理解公司的營運層面，並致力於進一步深化商業目標。

各部門負責人顯然並不希望和一個自私自利的同儕合作。他們希望她在做出任何決策之前，都能先考慮一下其他部門的需求、目標與局限。他們期望她對於各個層面都能提升營利方面的可行性。

在索尼婭的案例中，上級希望她能闡述她對其他地區的意見，而不是局限於拉丁部門，同時還期待她可以用更多時間將自己在技術部門積累的成功經驗，轉換到其他地區和她的職責上。

透過團隊創造優勢

亞倫說，索尼婭會收到很多涉及各類細節的報告，也應當尊重並關心這些細節。不過，千萬別被這些東西徹底淹沒了。「我不懂那些細節，而且我也不需要懂。實際負責這些工作的人，才需要搞懂這些細節。我的工作就是問他們的想法。」

亞倫認為，他的職責主要是授權業務單位，讓他們能更出色地完成任務，而不是自己親自去完成各項業務。他的工作就是確保團隊成員做正確的事。

「每個人都期望，你所做的每件事都是經由他人完成的，任何事情你都不應該親自插手，」亞倫說，「人們期望你去構建社交關係。」

聽到亞倫的意見後，索尼婭想起拉丁美洲負責人米格爾在開會時問她的問題「副手在哪裡」。米格爾的意思究竟是什麼？

「這與你對團隊的信任有關，」亞倫說，「米格爾期望你的團隊比你更了解具體情況，因此，你應該在參加重要會議時帶上相關的團隊成員。這能讓其他人感覺受到重用。他也希望，在公司其他部門成員的眼中，你的團隊是非常可靠的。另外，他還知道，你的團隊成員看重來自其他與會者的認可，以及被看見的機會。」

亞倫表示，索尼婭的團隊期望她創造一種環境。在這種環境下，下屬能夠取得成功，而且貢獻能夠得到認可。帶著問題與她討論時，他們期望她能展現出「教練心態」——她提出問題，引導他們去思考。

亞倫說，有時員工對上級的幫助抱有很複雜的感情。「我的一個團隊成員曾經因為一個技術問題向我尋求幫助，」他回憶道，「我說：『提出要求時一定要小心！我肯定會幫你。不過，當我親自介入時，我會要求了解更多的細節。你真的想要這樣嗎？』我感覺這種回答讓他很沮喪，因為他既想要我幫忙，又不想我介入太多。」

「最後他是怎麼做的？」索尼婭問。

「他自己完成了工作，並且從中學到了很多。」這給了他成長的機會，也讓他能獨享功勞。

完成（正確的）工作

在上一份工作中，索尼婭以自己「少言寡語的女性」身分而自豪。領導團隊時，她相當直白，且言簡意賅。她要求下屬在彙報工作時不能出現不確定的說法。同時，她還會設定明確的目標並保持專注，很少浪費時間擔心其他業務，也很少花時間與其他領域的人互動。索尼婭現在明白，她必須改變一些作法。

為團隊賦能

公司高層期望S型領導者更多地利用影響力領導，而不是直接告訴下屬需要做什麼。

對S型領導者來說，權力的基礎並不在於做事的方法，更重要的是，高層期望S型領導者的管理能讓人感覺舒服，信任龐大且多元化的團隊。

E型領導者通常會自己處理非常複雜的決策，特別是在下屬把他們的大腦看作裝滿高深知識的黑箱子時。然而，這種單邊的決策風格卻不適用於S型領導者，這與決策速度無關：迅速做出決定沒問題，而且通常也比拖到最後再做決定更受歡迎。只不過，團隊成員希望S型領導者成為融入者、合成器，具有整合資訊的能力。他們希望參與整合過程，見證其發揮作用。他們期望S型領導者可以透過諮詢與討論流程，讓他們擁有主動權，他們還期望S型領導者經過深思熟慮再做決策，這段期間應該讓大家都有廣泛參與的機會。

「從根本上說，你必須找到那些能把工作做好的人，然後信任他們。」亞倫說。他的選人標準很嚴苛，不過他會根據公司的現實目標隨時調整自己的標準。他知道人們支持的力量，因此，他很善於發現別人的優點而不是瑕疵。

依靠廣泛的人脈

外界預期S型領導者會擴大人脈，從中獲取資訊與指導，並且影響、說服他們。與其他領域的人交流，是S型領導者為團隊引入新觀點的基本方法之一，同時也是S型領導者檢查團隊是否為其他部門提供高品質工作的途徑。

接受模稜兩可

S型領導者需要接受一個事實，他們要解決的大多數問題不存在明確的答案。任何擔任這類角色的人都應該意識到，學會與模稜兩可共存是該角色的內在要求。

有能力經常轉換焦點

E型領導者可以抽出時間親自解決最棘手的難題，然而並不適合S型領導者。相反地，S型領導者經常要在不同主題間轉換，很少有時間集中精力深入研究某個問題。

依靠良好的判斷前進

想要某個重要決策有十足的把握，就必須保證擁有足夠的時間和資訊，S型領導者顯然難以滿足這個條件。很多情況下，S型領導者面對的事實很含糊，有時甚至不存在任何資訊。這聽起來像是E型領導者的噩夢，然而S型領導者卻知道如何做出有助於完成工作的決定，並藉此發掘出更多額外的資訊。S型領導者知道，某一項決策很少是最終定論，在人們對於情況擁有全新的理解後，大多數公司會對已做出的決策進行修正和調整。S型領導者應該知道，發展永遠不可能一步到位。

很多時候，好決策也需要妥協。妥協也是S型領導者的慣用技巧。雖然妥協意味著解決方案存在不夠理想的地方，但它不僅能攻克問題，並保證團隊繼續前進，還可以將觀點各異的團隊成員聯合在一起。

如何與人互動

索尼婭現在明白了，在與他人互動的問題上，自己沒能達到各方的預期。技術團隊曾試圖說服她批准投票系統，我們可以重點分析一下這次痛苦的會面。索尼婭一直懷疑，工程師試圖背著自己擴大其神祕文化的影響力。被這種懷疑蒙蔽了雙眼後，她破壞了溝通管道以及人們的信任。

索尼婭意識到，自己必須做得更好才行。

信任更廣泛的人們

各方都希望，S型領導者能夠舒適地工作，重用那些比自己懂得更多的人，與不同性格及風格的人合作，懂得如何把這些人團結在一起。儘管E型領導者及其下屬通常具有相同的專業領域，比如銷售或IT，擁有同樣的知識背景，而且工作風格也往往相似，但這些因素均不適用於S型領導者及其下屬。

「各方希望你在團隊之外，能與其他職責跟你大不相同的領導者建立信任關係，」亞倫表示，「這是雙向互動。你不僅從他們那裡獲取資訊，也要利用他們指導你的戰略決策。」

索尼婭的同儕則是希望，她能抽出時間了解一下那些與自己不直接往來的部門如何看待問題與機會。「對於組織以及保證其運轉的人，你都應該具備更全面的認識。」亞倫說道。

「不斷構建你的人脈，」他說，「打造人脈，擴大人脈，讓人脈日益強大。人脈將保證你能透過各式各樣的途徑授權團隊。你也可以透過人脈考察團隊的工作，確保你的團隊應對的是正確的事，還能為團隊創造更多可能性。」

亞倫向索尼婭指出。她開始向技術經理、行政助理和亞倫本人了解更多情況，這表明她已經意識到人脈的重要性。

依靠人際關係和外交手段解決問題並影響結果

S型領導者經常遇到一種情況，那就是只能依靠個人說服力推動團隊、部門或公司繼續向前。各方都希望S型領導者人情練達，懂得如何讓其他人支持自己的觀點及行動。他們也明白討論時絕不能冒犯同事。

包含情緒交流

儘管亞倫沒有明確提到這一點，但索尼婭還是從其講話方式中領會了這個道理。儘管亞倫始終保持著平易近人的態度，但還是傳達了自己多種多樣的情緒：他誠懇地與索尼婭談起了工作中讓他興奮以及讓他沮喪的地方。和索尼婭認識的很多技術專家不同，亞倫聽起來似乎能夠理解情緒的原理，也能自然地表露感情。

發掘自己的領導氣場

公司高層、同儕及下屬都希望索尼婭面對危機時能保持冷靜。即便在她本人一點也不樂觀時，也應該表現出極為樂觀的姿態。

亞倫強調，這種樂觀並非「不切實際地認為天上會掉餡餅」。但是S型領導者應該意識到，自己會影響其他人的感受。S型領導者應該努力塑造一種信念，即使局面不樂觀，問題仍然是可以解決的，一定要讓其他人明白「對於下一步應該怎麼做，我們是有對策的」。

因能激勵他人而領導

「當初為了贏得下屬的信任，我也費了很大力氣，」亞倫說，「一個直屬部下當面質問我『你對我的工作有多少了解』。對此我只能回答『什麼也不知道』。這個回答顯然不可能讓人滿意。人們想知道，他們憑什麼要追隨我。」

由於缺乏專業的知識背景，因此，人們希望S型領導者能夠提供其他理由，進而讓下屬願意追隨他們。顯赫的工作履歷，高價值的人脈允許下屬展現能力、培養他人，讓團隊完成個人無法完成的事，確立收集的資訊並據此採取行動的流程，這些都是其他人願意追隨S型領導者的原因。

對於E型領導者和S型領導者之間的區別，我相信在你腦中已經有了具體輪廓。接下來，你一定認為，我馬上將討論一個核心問題：如何從E型領導者轉變為S型領導者。我確實打算這麼做，我會重點講述成為S型領導者所需要的細緻入微且複雜的領導能力。

不過，我想暫停一下，幫助你完成自我評估。

我已經剖析了兩種類型的領導力，你大概已經發現，幾乎沒有管理位置嚴格局限於其中任何一種。

目前，各組織的管理職幾乎都是這兩種類型的混合體，你有興趣追逐的職位大抵如此。因此，在談論過渡與轉變之前，首先應該討論一個極為關鍵的問題：

- 做為領導者，你的價值是什麼？
- 領導價值有多大比例以專業能力為基礎，又有多大比例以無形的整合力為基礎？
- 在現有工作中，你是否需要改變上述兩種類型的比例？

如果你目前擔任的是E型領導職位，同時希望將更多的注意力轉移到S型領導力上，你的團隊成員對此做好準備了嗎？或者說，他們是否做好成為專家的準備？

如果你正在尋找更加偏重S型領導力的新工作，考慮到自身的現有能力，你會面對多大的挑戰？你做好面對這些挑戰的準備了嗎？誰會幫助你？

這就是下一章的主題。

第四章

評估自己是怎樣的領導者

我談論了很多聰明、充滿魅力、有時存在缺陷的領導者，也談到了他們所遇到的挑戰，以及他們的優點和缺點。

你處於什麼位置呢？

這一章是專門為你設計的。你或許也一直在反思，想知道自己究竟偏向E型領導者還是S型領導者。你可以從下頁典型的管理生涯圖表中，找出自己的位置。

我接觸的大多數領導者，不管他們是負責柴油引擎的技術領域、負責財務的職能領域，還是為特定客戶服務，其職業生涯均以構建專業能力為開端。在職業生涯的前十年，

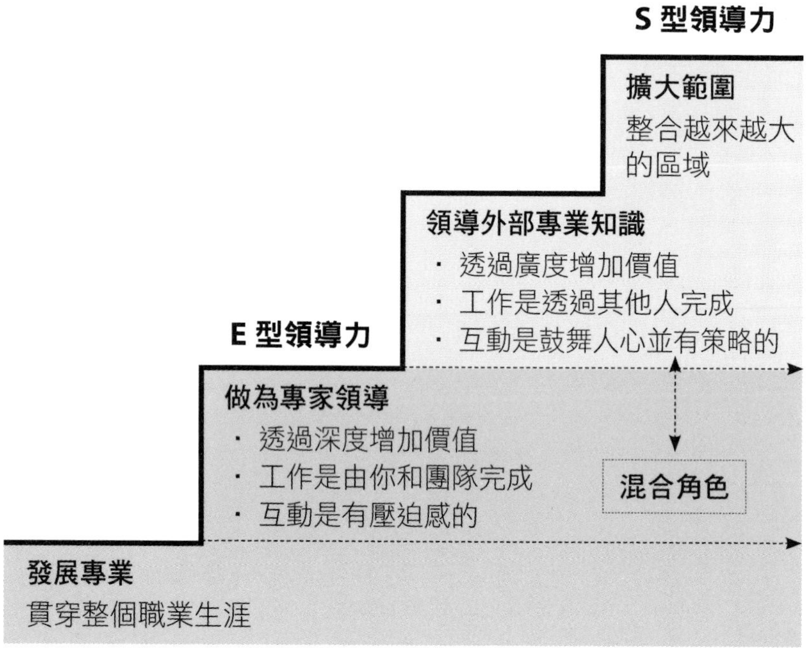

甚至更長的時間裡，不斷提高專業能力是保證他們取得成功的關鍵。接下來，他們或正式或非正式地被要求帶領一個團隊。他們的E型領導力在這樣的團隊中形成並得到完善。

接著，公司會擴大他們的責任範圍，讓他們負責一個自己不了解也沒有時間學習的領域或部門。有些情況下，他們的工作會分割為專業技能職責和整合職責。

這就是我合作過的經理人如今面對的現實。確實有少數人屬於全職S型領導者，但大多數人的日常工作依舊需要在S型和E型領導力之間不停地轉換。不管怎麼說，能否處理好工作中與S型領導力有關的部分，將直接決定他們職業生涯的走勢。

我猜大家也面臨同樣的局面——正在登上優秀S型領導力的階梯。在這個過程中，你可能想知道自己是否適合這樣的角色。

我設計了一個簡單的評估工具，你可以利用這個工具了解自身的現狀（做了多少專家型領導工作，又做了多少整合者的工作），你認為自己做得如何，以及是否對工作的各個方面都滿意。

從科學角度講，這個工具可能並不十分嚴謹。不過，你可以把該測試視為更具結構性的日誌練習，一種記錄腦海中不停閃現的想法的全新方式。花幾分鐘時間填寫下列評估表，再思考現在的職業路線會將自己帶往何方。

對於評估表中的每一項，用1（強烈不同意）到5（強烈同意）之間的數字打分數。然後，將各列合計數字加在一起，再除以項數，算出平均值。

舉個例子，如果你第4列的總分是68，而且對全部20項都打了分數，那就用68除以20，第4列的平均值就是3.4。請在後頁空格中打上分數（灰色格子不打分），評分的詳細說明請見第89頁。

	精神高度集中，希望保護公司免受來自內部或外部的傷害。比如避免犯錯，或者解決財務、法律、公司名譽問題和其他威脅	擁有其他人沒有的知識	抽時間了解與我的工作沒有直接關聯的其他部門同事如何看待問題和機會，並提出自己的見解	為推動公司成長而做出大膽的舉動或冒險
1 我承擔的領導角色要求我做這件事				
2 我擅長做這件事				
3 我渴望更多地做這件事				
4 我承擔的領導角色要求我做這件事				
5 我擅長做這件事				
6 我渴望更多地做這件事				

加強並重視深度智慧，尋求我所在領域更深層次的理解						
透過個人親自解決問題或教會團隊解決問題，定義自己增加的價值						
從大局出發，以更寬闊的視野看待整個公司。理解諸如市占率、成長、競品、進入壁壘、定價、最大盈利點以及哪些產品最重要等資訊						
相信其他人能比我更好地掌握細節						
即便把工作分派給其他人，我也喜歡親自過問各種細節						
喜歡透過自己知曉的內容與他人建立聯繫						

加強並重視寬度智慧，對公司及市場、對不同部門及業務線有著整體全面的理解			
了解足夠多的資訊，但仍需要更加深入的理解才有信心做出決策			
相信自己能比其他人更準確、更快地完成工作			
從自己的專業角度提出觀點，但讓高層管理人員決定是否聽取我的觀點			
透過為部門賦予解決問題的力量，定義自己增加的價值			
透過強化與其他人的共同點而構建信任			

大部分時間與和我專業領域相同或者在日常工作中需要依靠我的人互動						
了解細節，能給出正確答案						
依靠他人而非我自己的知識與能力						
幫助他人搭建範圍廣闊的人脈，其中包括可稱為思維搭檔、導師、榜樣和盟友的人						
成為行動中心，所有資訊和討論都要經由我才能做出最後決定						
花時間專注做自己的工作而不受干擾						

利用我廣大的人脈驗證團隊的觀點，或者收集更多的觀點			
面對興趣、語言或風格與我有很大不同的人時保持耐心			
更喜歡埋頭於某一項工作中，很享受那種沉浸其中的感覺			
偏向於完美，或盡可能完美、不妥協地完成工作			
偏向於盡可能快地做出決定，知道一個決定能幫助公司向前推進，即便做出這個決定的基礎並不完美			
能看到為了前進而妥協的價值，也能容忍這樣的妥協			

偏向於在獲得所有資料後再做出決定						
維持自己領域的專家人脈，與他們擁有共同的觀點和相同的言辭						
能夠坦然說出我不知道，或者承認自己的局限性						
維持廣大的人脈，其中包括擁有不同專業、能力和興趣的人						
傾向於用邏輯、分析和詳盡的事實影響他人						
透過自身經驗及知識創造的信譽構建信任關係						
利用我對他人重視事物的理解影響他人						
透過激勵他人的能力獲得追隨者						

傾向於在對話中去除感情，偏向事實與邏輯						
傾向於投入時間保持精準，不會只為了向正確方向前進而倉卒行動						
為了做決定而表達自我，認識到表達形式的重要性						
認可、花時間去理解並吸收其他人對我溝通方式的感受						
總分						
平均分（總分／20）						

這些分數代表了什麼？

根據第1列最後的平均分，補全下面這句話：

我的角色對專家型領導力的平均分為＿＿

如果分數高於4，那麼這份工作更偏重專家型領導力。如果低於3，對專家型領導力的要求就沒那麼高。

根據第4列最後的平均分，補全下面這句話：

我的角色對整合型領導力的平均分為＿＿

關於能力問題：根據第2列最後的平均分，補全下面這句話：

在我看來，我在專家型領導力方面的平均分為＿＿

如果分數高於4，意味著你自認為很擅長目前的工作，而這份工作更強調E型領導力；低於3則意味著相反的結果。

根據第5列的平均分，補全下面這句話：

在我看來，我在整合型領導力方面的平均分為＿＿

關於自己喜歡做的事：根據第3列的平均分，完成下面這句話：

在是否喜歡專家型領導工作的問題上，我的平均分為＿＿＿＿

根據第6列的平均分，完成這句話：

在是否喜歡整合型領導工作的問題上，我的平均分為＿＿＿＿

完成上面的句子，至少能讓你大概了解公司需要你提供什麼價值、自認為工作做得好不好（需要注意的是，平均分不能說明老闆及公司認為你做得好不好），以及工作職責是否符合你的想要的。

那麼問題來了：你會怎麼處理這個資訊？

你想朝哪個方向前進？

以上的評估表能讓你大致了解自己對現有職位的態度及感受。

比如，你可能發現自己進行了很多E型領導者的活動，而且處理得很好，然而你正逐漸厭倦這樣的工作。也許你發現自己在S型領導力工作方面表現出色，而且渴望更多這樣的工作。或者評估結果表明，你不喜歡整合者的工作，而是渴望過去的美好時光，繼續做E型領導者。

在上述例子中，你能輕鬆地確定未來的發展道路：比如擺脫E型領導工作，從事更多的S型領導工作，或者讓自己重回過去的專業領域。

不過，如果評估結果表明一切都剛剛好，想搞清楚未來的方向就比較困難了。舉個例子，假設你的工作更強調E型領導力，你是所在領域的專家，而且非常喜歡自己的工作。這意味著你該保持不變嗎？

答案取決於你的長期目標。

未來十到二十年，你會滿足於停留在這個領域嗎？

你還會繼續熱愛自己以專業能力構築的世界，不願放棄嗎？

你能接受資歷不如自己的人在公司內部超越自己嗎？

你會投身於全新的事，比如能開闊眼界的工作？

你想主導組織的方向嗎？

企業的營運工作和透過外交手段發揮影響力，會引起你的興趣嗎？

也許這些問題的答案所指示的方向意味著不小的風險。若果真如此，那麼採取行動對你而言就是具延續性的。延續性的任務通常是有益的，它能幫你脫離舒適圈，進入未知的世界。

當然，你也可以在目前的工作中尋找能夠拓展自身領導力的專案，或者透過分派任務給下屬，提高團隊成員的能力，改變與團隊及團隊成員間的互動方式等作法，你可以調整目前工作的E型及S型領導力的比重。

從這時起，你需要和利害關係人及導師多做交流。

為了你的表現、快樂及成就，很多人都辛苦付出了，這些人就是你的利害關係人。在公司之外，利害關係人包括家人和朋友，也可能包括人生教練。在公司內部，他們包括你的上司、前上司、強力支持者以及關係親密的同事。加上那些提供正式或非正式指導的導師，這些人能夠幫助你找到以下重要問題的答案：

你真正喜歡做的是什麼？未來五到十年你想做什麼類型的工作（不用具體說明工作性質）？你希望自己對公司的重大決策具有多大的影響力？你願意承擔多大的風險？目前你會在哪些地方尋找擴展能力的機會？在目前的工作中，你如何才能改變S型領導力和E型領導力之間的平衡？

把你的評估結果拿給他們看，詢問對方的看法。他們是否認為你做了太多E型領導者的工作？或者，在接下來幾個月或幾年裡，你應該更多地從事哪方面的工作？

接下來，將所有評論放在一邊，採用自己喜歡的任何方法確定自己的真實想法，比如散步、寫日記、寫封信給想像中的朋友或去世的親戚、冥想，甚至高空跳傘。記住，你所選擇的前進方向一定是適合自己的，而非適合其他人。

如果確定自己有興趣嘗試S型領導工作，接下來的幾章將會告訴你該怎麼做。

第五章

如何增加價值

亞倫面對索尼婭時很坦誠。他告訴索尼婭，各方對於整合者都有什麼期待，也解釋了其他人對她的期望。不過，這只是故事的一半，他並沒有告訴索尼婭應該如何滿足這些期望。

如果索尼婭有意擔負整合的角色，她要做的第一步就是，明確知道自己對公司及團隊的價值已經發生改變。親自完成工作、運用自己掌握的知識及提供解決方案，在過去的工作中，索尼婭的價值主要體現在這些方面。她知道，一旦自己離開公司，哪些工作就無法完成，她的工作成果就是個人價值的最好證明，她的聲譽建立在自己的知識以及工作能力上。對索尼婭來說，成為一切活動的中心、控制最終結果，這讓她感到欣慰，甚至興奮。她也因此輕鬆得出結論，自己需要隨時了解工作進展，即便在假期也不能遠離日常工作。然而，新角色卻對她的價值方程式提出了完全不同的要求。大家是否也在面臨著相似的挑戰呢？

這就是本書現在要討論的主題。具體內容分為三章，你可以分別了解S型領導者如何增加價值、完成工作並與他人互動。

關於如何增加價值，主要內容包括：

- 增加有形價值　變為　認可自己增加的無形價值
- 管控品質與風險　變為　管控戰略焦點與優先順序
- 貢獻特定知識　變為　貢獻營運影響力
- 親自完成工作　變為　透過團隊創造優勢

在如何完成（正確的）工作主題下，我會討論以下內容：

- 居中掌控　變為　為團隊賦能

依賴專業技能和連結	變為	依靠廣泛的人脈
深入研究	變為	接受模稜兩可
注意力高度集中	變為	有能力經常轉換焦點
做出正確決定	變為	依靠良好的判斷前進

至於如何與人互動，我會告訴你：

相信自己能出色地完成工作	變為	信任更廣泛的人們
依靠理性的討論	變為	依靠人際關係和外交手段解決問題並影響結果
針對事實對話	變為	包含情緒交流
古怪的性格被人接受	變為	發掘自己的領導氣場
因特定知識領導	變為	因能激勵他人而領導

我會講述我的一些客戶對上述問題的理解，而逐漸發生變化的故事。比如，安東尼的故事。

安東尼的故事——從E型領導變為S型領導

多年來，安東尼一直在一家全球金融服務公司中擔任E型領導者，備受尊重和推崇。該企業高層均視他為結構融資領域的專家，能運用複雜的金融產品幫助客戶籌集資金。安東尼擅長與客戶打交道，而且因為幾項重大交易而聞名。下屬喜歡向他彙報工作，因為他們從中能學到大量有用的知識。他被看作優秀的經理人，能夠發現並培養人才。

安東尼很想承擔更重要的角色，因此在升遷時非常高興。然而，沒過多久，問題就接踵而至。

安東尼負責主管一個更大的團隊，其中既有他的老下屬，也有管理流通交易的新團隊。之前，在安東尼看來，領導一個團隊並增加其價值，必須指導其他人了解自身專業的基本原理，因此他需要幫助其他人解決交易中的困難點，回答有關市場趨勢的問題，或面對面地向客戶分享他的深度知識。然而，在新職位中，他不能再這麼做了。

老團隊似乎將他排除在日常工作之外，除非到最終批准的階段，否則不會再找他商量新交易。流通交易團隊仍然極度忠於他們自己的E型領導者，而這個人以鐵腕控制著所有工作。安東尼對流通交易一無所知，也不知道如何與那個團隊合作，或者領導他們。

他不僅覺得自己被忽視，變得微不足道，而且覺得自己很脆弱：他擔心如果交易出問題，自己會被追究責任。

因此，當流通交易部門的主管提到與一個客戶之間出現了嚴重問題時，安東尼突然警惕起來。這個客戶覺得他沒有及時收到相關交易資訊。安東尼提出自己願意向客戶說明，但流通交易部門主管卻說他能處理好問題。安東尼並不相信他的說法。安東尼認為自己應該介入，但不知道該在哪裡介入，也不知道怎麼介入——即便介入了，他也不知道如何幫助團隊解決問題。

與此同時，為了擴展業務，公司高層要求安東尼向潛在客戶做簡報。安東尼是個經驗豐富的主講者，但他習慣討論的是結構融資，習慣展現自己的專業能力。然而，這次主持的主題是某個陌生領域的發展趨勢，他還必須在簡報中展現公司的整體形象。

潛在客戶喜歡這樣的簡報，但安東尼卻痛恨不已。他深知，這些正是自己在職業生涯初期盡力避免的東西——全是概念，毫無實質內容。

安東尼覺得自己不再是公司的重點成員。他不知道怎麼為老團隊、新團隊、客戶或公司增加價值。他擔心自己變成無關緊要的人，擔心下一輪公司裁員時自己會很危險。

改變練習

我非常擔心這次晉升的實際效果。我很了解安東尼，很清楚他的適應能力，然而，這次我明確感覺他疑慮重重。壓力越大，他在與團隊、上司和客戶打交道時效率就越低。如果能快速掌握增加價值的新方法，他就能成功；如果找不到，他就處在懸崖邊緣。公司高層試圖讓他安心，認可他對整個團隊及公司的價值，並且表示未來他會領導更大的團隊，但安東尼懷疑他們只是在安撫他而已。

安東尼對自身價值的認知需要在四個重要方面做出改變：他要學會認可自己增加的無形價值，接受戰略重點，對公司的營運影響力做出貢獻，以及透過團隊製造優勢。也就是說，要學的東西很多。想真正了解這個轉變過程，你需要把自己擺在安東尼的位置，就像指導安東尼一樣，我會幫助你深入了解這種改變的各個環節。

為了做出這些改變（實際適用於本書推薦的任何改變），你需要兩個重要工具：對話與專注。也就是說，要能觀察其他人的作法，與自己尊重的人交談，詢問他們對問題的看法及應對方法，了解他們對你的作法的態度。並且告訴人們你會採取什麼不一樣的作法，從而讓他們注意並強化這些改變。當你決定改變自身行為時，要始終將這個新行為放在中心，直到養成習慣。在你的行事曆上提醒自己每週要審視進展，並將某件東西或便條放在最顯眼的地方，這樣就能每天不斷地提醒自己。

從增加有形價值，變為認可自己增加的無形價值

可以先想想幾個問題：

你擔心變成可被放棄的人嗎？
你是否懷疑自己的實質作用？
你擔心自己不再能做出獨特的貢獻嗎？

如果做出肯定的回答，你就需要了解自己能在哪些方面增加無形價值。

在專家世界裡，你很清楚自己能在哪些方面增加價值：你是專家，你掌握如何完成工作的知識。而在整合者的世界裡，你能增加的價值實際上並不那麼確定。

想知道整合力如何增加價值，就需要思考，除了專業知識外，還需要什麼才能讓公

司和團隊繼續前進。在其他領導者身上，往往比在你身上更容易看到這種價值。回想自己推崇的高層領導在主持會議時的情況，思考一下這個領導者在推動議題時所扮演的角色。這就是整合者最能增加價值的地方。

做為整合者，你將接觸到公司的各個部門。因此，在需要解決問題時，你會知道（或者應該知道）尋求哪個部門的幫助，知道如何向不同部門遊說有助於自己團隊的解決方案。你可以接觸決策者，影響他們的決定，理解他們看待問題和機會的角度。你能確認優先事項，從戰略角度將不同要點串聯在一起。你也能幫助團隊成員構建人脈，並贏得更高的聲譽。

個人增值特點練習：詢問經理、導師或支持者，看看在他們眼中，你的整合力在什麼地方發揮了重大作用。他們希望你能讓團隊具備哪些尚未擁有的特質？

貢獻練習：想一想，如果你不是以整合者的身分出席會議，哪些事就不會發生？以整合者身分開會時，你會怎樣發言，持有怎樣的觀點？對於解決問題，你會如何提供幫助？參加完這些會議後，你將向自己的團隊傳達什麼資訊？如果不參與會議，你的團隊和公司會錯過什麼？

你的團隊價值練習：詢問團隊成員他們最需要你提供哪些方面的幫助，認真留意他們提到的那些無法估價的特性。他們也許想透過你的人脈結識某個人；也許需要某個人分擔他們的擔憂；也許需要有人能代表他們與更高層管理團隊抗爭；也許需要獲得他人的指點，以便更清楚自己下一步該怎麼想、怎麼做。

團隊發展練習：思考一下，為了推動職業生涯繼續向前發展，團隊成員需要培養什麼能力。為了幫助團隊成員成長發展，誰應該成為榜樣、傳聲筒或幫助團隊成員發展的良師益友？在公司中，誰需要知道每個團隊成員每天在做什麼且具有什麼能力？你如何推動這樣的互動？

在意識到其他資深領導者所增加的價值後，安東尼逐漸明白，自己需要在團隊和公司中擔任怎樣的角色。在和教練交流的時候，他坦言自己內心深處一直存在著某種恐懼，害怕自己變成無關緊要的人，這種體認才直擊要害。我問安東尼，他認為誰為公司創造了最大的價值，我鼓勵在他公司高層中尋找這個人。他提到了兩個名字：他老闆的老闆，以及他老闆的一個同事。接著，我讓他解釋一下，這些人有什麼不同凡響的地方？安東尼列出了諸如平易近人、激勵其他人做更多的事（特別是在對方即將放棄時）、利用自己的人脈為其他人創造機會等。終於恍然大悟，安東尼體認到了其他增加價值的方法。然而，他接著表示：「不過，老闆的老闆所做的事我肯定做不到。」對此我回答：「現在還不行，可是如果在這方面努力，你終究能做到。」

從管控品質與風險，變為管控戰略焦點與優先順序

幾個問題：

你認為自己的價值在於監控團隊工作的完成情況嗎？

你認為自己對管控風險或是大方向有更重要的責任嗎？

每件事都會同樣重要嗎？

每個錯誤會帶來同等的麻煩嗎？

如果上述問題你均給出了肯定的答案，且你有志成為S型領導者，那麼你就需要努力確定重點及優先順序。

重點要明確，優先順序要清晰。重要的不是做對一件事，而是選擇正確的事去做；不是監控一切工作的完成情況，而是關注真正重要的工作。要做到重點明確，就必須了解公司外部的各種力量，以及公司內部的重點方向。優先順序清晰要求你將精力集中在能夠產生最大效益的工作上。

客戶優先練習：想像一個客戶被指派到你身邊，全天候跟著你，跟你一起開會，查看你寫的電子郵件，聽你怎麼和團隊討論問題。這一天結束後，客戶會如何描述你增加的價值？如果你的日常工作無法為客戶增加任何形式的價值，你就需要重新思考自己的作法。[1]你的努力與付出放在最重要的工作上了嗎？

確立優先順序練習：如果一天只能做一件事，你會做什麼？那麼在精力最旺盛時就去做這件事。如果突然間只有現在一半的時間，你會放棄做什麼？想清楚後，就放棄這些工作吧。有什麼事現在可以停下來？假設法律規定你一週的工作時間不能超過四十小時，那麼你會怎麼安排工作，焦點會放在哪裡？

錯誤練習：對於整個團隊而言，工作中的哪些錯誤是致命的，且會對整個公司的效率產生重大影響？在這些錯誤中，篩選出危害性最大的那一個。哪類錯誤儘管讓人討厭，但對其他人不會產生太大的影響？我有一個客戶是資深高階主管，他常常為一些雞毛蒜皮的事情而憂心忡忡，比如簡報稿中注釋的字體與正文不同。像這樣的問題實在不值得浪費你寶貴的工作時間，一定要把精力集中在重要問題上。

知的練習：親自過問團隊的一切活動，這不僅將導致團隊成員不滿，也會給你自己帶來巨大的壓力。為團隊的每個成員制定一份工作清單，除了成員名字外，注明他的職責以及必須定期向你彙報的內容，以便在跨部門互動時更好地展現團隊工作成果。將這些告訴你的團隊成員，並解釋要求他們定期彙報工作的原因。聚焦那些你需要了解的關鍵資訊，而不是工作的每一個細節。

高等級決策練習：想出一個你不認同的公司決策，竭盡全力搞清楚，為什麼其他人認為這是最佳選擇。你可以從多個角度解釋這個決策，每種解釋都有可能是正確的。在做該決策前，大家關注的焦點是什麼？是規避風險，讓其他人願意接受更劇烈一些的變革，長期成本、眼前收益、減少預算，還是其他問題？

從貢獻特定知識，變為貢獻營運影響力

幾個問題：

當其他人討論商業話題，比如利潤、品牌或競爭優勢時，你是否更願意討論一個專案的內部技術細節？

你是否認為，對公司而言，特殊知識構成了你的價值基礎，這些知識可以用來解決問題、推動相關工作？

你是否認為，自己應該知道團隊的一舉一動？

如果不能回答團隊成員提出的技術問題，你是否認為，他們將會質疑你的領導地位？

當你做簡報時，公司高層是否會變得眼神呆滯？

你是否更喜歡用專業的術語談話，不習慣按照公司高層更熟悉的方式講話？

如果對以上問題的回答皆為肯定，你就需要投入更多注意力去關注營運影響力。營運思維的根本，就是基於更廣泛的背景來理解公司及其業務。這包括客戶視角、行業趨勢、競爭對手的措施，以及內部優先排序。你可能明白自己所從事的領域在整個商業活動中的地位，但你是否也了解什麼東西在驅動其他部門追求營利的成功？提出關鍵的問題，這些問題與自身專業無關，但與整個公司的長期成功密切相關，這就是營運影響力的核心。

讓我們先把具體落實和技術細節問題放在一邊，思考一個專案六個月後、一年後和三年後的影響。能盈利嗎？競爭對手會做出什麼反應？如果打算用三年實現某專案，需要什麼才能保證這個目標完成？公司是否擁有取得成功必需的人才、資源和合適的流程？如果沒有，你能做什麼來獲取這些資源？假如目前沒有實現最終目標所需的所有資源，你又該如何向最終目標邁進？

與已經擁有營運思維的人相處，是培養營運思維的方法之一。你可能不會自然對他們產生好感，或者最開始很難理解他們的觀點，無法參與他們的對話。即便如此，要注意他們的關注焦點以及他們提出的問題，培養像他們一樣看世界的能力。從他們的角度提出問題，而不要局限於自己的專業角度。

制定幾個關鍵問題，提供自己對這些商業情況的見解。透過聚焦關鍵議題，你就可以找到這些問題，它們通常涉及重大經費預算事項及重大變革措施。在石油行業中，如果時時想著「這會如何影響上游運作」，就很容易將自己的關注點聚焦在某些地方，這些地方最有可能產生不可預測的結果。此外，透過了解公司的瓶頸，你可以快速確立那些最重要的問題。搞清楚業務盈利的核心推動力，你就會很自然地完成聚焦。

戰略挑戰練習：在《盈利模式》（*Profit Patterns*，暫譯）一書中，作者確定了市場中的三十種變化模式，它們能夠顛覆企業戰略或創造全新的機會。比如，關注以下趨勢，它可能存在於任何市場部門：彼此獨立的行業合併為一個全新行業，專業化變得比廣泛的產品更重要，價值鏈（value chain）先去整合再重新整合；價值鏈中較薄弱的環節開始變得越來越強，細分客戶對收益變得很重要，價值鏈中的權力和影響力被重新分配，知識逐漸產品化（productized），公司內部各部門的重要性排序出現全新變化。上述變化中，你所在的公司會涉及哪些？未來三年哪些變化的影響力最大？你正在做的工作有助於公司適應這些變化嗎？跟自己所在的技術部門以外的人交流，了解他們的看法。很快地，你就會發現自己開啟的正是戰略對話。讓團隊成員也加入這樣的討論，以便他們也能注意到這些變化的戰略性影響。

商業素養練習：先試著回答如下商業素養測試的問題。

- 你的公司如何賺錢？公司接受的每一美元、英鎊或歐元中，有多少利潤從另一端流失？在這個過程中發生了什麼？
- 公司市值多少？本益比多少？年營業額又是多少？
- 與競爭對手相比，這些數字樂觀嗎？
- 主要競爭對手是誰？強項是什麼？
- 公司的主要客戶是誰？他們為何購買你們的產品或服務？購買的標準是什麼？
- 你們的主打產品或服務的市占率是多少？在細分市場的高端客戶群中，你們的客戶占有多大的比例？
- 公司高層的目標是什麼？他們主要擔憂的是什麼？

理解市場競爭練習：分析競爭對手的優勢和劣勢。從競爭對手的角度出發，以他們的視角看問題。你會改變對自己公司的優勢和劣勢的看法嗎？後方表格列舉了很多值得思考的問題。回答這些問題將有助於強化你的商業意識。

從競爭對手分析獲得市場見解

調查領域	關鍵問題	優勢	劣勢	結論與觀點
公司自身狀態	・有怎樣的內部架構 ・內部架構做出哪些改變 ・為什麼做出這些改變 ・公司的盈利能力究竟如何			
公司所處環境	・公司內部的活動鏈是怎樣的 ・公司為客戶提供的價值鏈是怎樣的 ・存在哪些戰略盟友和夥伴			

資產與能力	・存在哪些有形資產 ・存在哪些無形資產（品牌、關係、知識、人力資本） ・擁有哪些能力或實力（技術、製造、人力） ・有什麼技術可用			
心態	・對客戶存在哪些假設 ・對市場存在哪些假設 ・對公司、競爭對手、技術、未來場景、能力存在哪些假設			
戰略	・透過上述資訊，你能夠看出公司在執行什麼戰略嗎 ・這些資訊對未來戰略會產生什麼影響 ・這些資訊對你會有什麼影響			

（改寫自 Liam Fahey, *Competitors: Outwitting, Outmaneuvering, and Outperforming* [Wiley, 1998]）

你也可以將這種分析模式套用在自己的公司上，像是傾聽分析師的簡報；閱讀事業群的戰略檔案；與各事業單位的同事一起吃飯，並在聊天中獲取不同觀點的資訊；和銷售人員共度一天，觀察他們怎麼與客戶交流；了解客戶的投訴。這些都能幫助你更好地了解公司。

市場表現練習：歸根結柢，市場表現就是將產品或服務推向市場，贏得客戶的支援並戰勝對手。對於市場表現而言，公司裡的每個人都扮演著特定的角色。你可以思考下列問題：[2]

- 你和你的團隊為公司的產品或服務做出了什麼貢獻？（每個團隊都該做出某種形式的貢獻，否則團隊就沒有存在的必要。）
- 你和你的團隊能在改善產品或服務中做出什麼貢獻？
- 你和你的團隊對產品或服務產生什麼負面影響？

和團隊成員、上司以及同儕討論這些問題。針對上述三個問題，尋找任何可以改善的機會。

從親自完成工作，變為透過團隊創造優勢

有任務需要完成時，你是否認為自己能更快、更好地完成工作，而親自動手？

如果沒有親自處理細節問題，你是否擔心自己無法回答公司高層提出的問題？

明知下屬有能力，你是否也會親自動手？

如果不親自動手，你是否會產生自己隨時可能被拋棄的感覺？

如果你對上述問題都做出了肯定的回答，可能就需要換一個角度思考如何增加價值的問題：創造對他人的影響力。影響力具有重要意義，因為依靠其他人，你能做到的事情遠超過一個人的單打獨鬥。利用影響力時，實際上你也培養了公司其他人的能力，為他們留出了提高能力、做出更大貢獻的空間。因為這些原因，能創造影響力的人才是公司最有價值的領導者。

依靠影響力並不等於拋棄責任或放任你的團隊，關鍵在於將正確的團隊擺在合適的位置，並監控流程。

將正確的團隊擺在合適的位置

能否創造出影響力，很大程度上取決於能否為自己配備正確的人。E型領導者喜歡尋找與自己擁有相似知識背景、經歷和工作風格的團隊成員，而S型領導者需要的則是擁有廣博知識以及多種能力的人才。

為了創造影響力，你需要為每個團隊成員指定兩三件任務。評估每個成員推進這些任務的難易程度，給出回饋意見，制訂人員發展計畫。如果他們在執行任務時忽略某些事或發生錯誤，一定要壓抑自己插手的衝動，否則只會強化團隊成員對你的依賴，把所有難題都直接丟給你。相反地，你應該要求團隊成員發現並獨立解決問題。的確，短期內這確實會耗費很多時間，然而著眼未來，你將因此節省更多時間。

如果你覺得自己需要採取更為極端的操作，比如換掉一個人，那就不要拖延，立刻動手。手法要盡可能仁慈些，但必須動手。很多經理人經常說，他們最大的遺憾就是沒有盡快採取行動。

如何確定自己擁有正確的團隊？透過以下兩個練習就能找到答案。

能力差距練習：評估一下，如果你徹底擺脫專家角色，那麼團隊成員需要哪些技術能力才能補上來。確認包括自己在內，哪些人擁有這樣的能力。差距是什麼？需要做什麼才能培養某個人填補差距？值得為此付出努力嗎？

誰在哪裡練習：確定一個人是否處於正確的位置。比如，一個IT部門的主管接手了一個團隊，該團隊在交貨方面口碑極差。在這個團隊中，有一名成員儘管技術合格，但在面對客戶時一直有負面經歷。將他調到其他職位，面對完全不同的客戶後，整個團隊取得了輝煌的成績。在這個案例中，主管首先對一個人的能力有準確的把握，同時還知道客戶關係出問題的原因。你要確保（公司內外的）客戶都認同你做出的任何改變。

監控進度

對於一個習慣靠專業能力領導的經理人，在創造影響力時往往存在兩方面的擔憂：如果依靠別人，我怎麼保證不出現損失巨大或讓人尷尬的錯誤？我又怎麼知道團隊在做什麼、專案的進展，以及如何回答公司高層提出的問題？

你可以透過確定並監控重點指標來消除這些擔憂。這些指標一般是財務指標，也可以是客戶滿意度、成本率、淨推薦值、品質標準、員工留任率和錄取率等其他指標。選擇什麼指標，取決於企業當下最重視什麼。

制定容易獲得並能滿足需求的指標，搞得太複雜會讓自己陷入麻煩，將指標數量限制在有限範圍內。比如，一九九〇年代，為了改善投遞效果，聯邦快遞公司（FedEx）設計了一個簡單的指標，這個指標只計算五個常見的配送點錯誤。利用這個指標，只用一個日常數字就能監控、對比所有網點的資料。指標一定要聚焦在少數重大和重要的事情上。當高層要求了解公司的即時狀態時，你就可以很快地掌握各項工作的進展。

放手練習：列出自己負責的所有專案和任務，確定每個專案和任務的「放手」程度及原因。為每個專案確定一個可用於監控的指標，確保一切朝正確的方向發展。和自己的上司討論這個想法，以此確定自己的直覺是否合理。

創造影響力還意味著，即便團隊成員的專業能力不如你，也要給予他們更大的發揮空間，讓他們有機會提升自身能力。我的意思當然不是讓你無條件地相信每一個人。你必須驗證團隊說的一切，比如和其他部門的同事交流，了解情況。如果同事的說法與團隊一致，你就可以信任團隊。如果不一致，你就需要親自了解細節，找出事情的真相。

驗證練習：列出十項你需要從團隊了解的事情，包含事實、衡量標準、障礙和勝出點。每一項旁邊列出資訊和觀點，能夠驗證或表明出現了大範圍的失真情況。同時，注明自己私下可以和哪些人討論這些話題，以驗證從團隊成員獲得的資訊，然後和這些人交流一下。

參加任何會議時，都至少帶上一個團隊成員。這樣做有多個目的：一是讓團隊有機會在S型領導者在場的情況下完成任務，為整個團隊贏得更好的聲譽；另一方面也能讓團隊成員獲取新技能，獲得成長。

開會時少說話，讓團隊成員獲得更多說話的機會。觀察並記錄團隊成員發言時的表現。重要會議結束後，將你對他們的看法回饋給對方，以此增強他們的信心，提高他們的能力。

安東尼的啟示——團隊取得更好成績

安東尼逐漸從擔心自己的知識不足、不確定如何解決團隊的問題，開始對自己所增加的價值越來越有信心。他做的第一件事，就是不再插手所有交易細節。接下來，他不再試圖變成和流通交易團隊一樣的專家。當他在自己的職務上越來越放鬆時，團隊成員就更加願意全身心投入工作了。安東尼意識到，他的價值就是確定重點和優先事項，尋找資源，並提高團隊能力。最終，團隊所取得的成績遠遠超過了安東尼的預想。

不過，這並不是說轉變過程輕鬆簡單。「這項工作比我想像的要難，」他說，「過去我不知道除了特定的技術知識，領導者能為團隊增加什麼價值。然而，現實卻是，從技術角度來說，兩個團隊都不如我想像的那樣需要我。他們需要的是我確定優先事項，需要我遊說公司高層人員，並且為他們創造機會。」

如今，當行銷、ＩＴ、通訊或人力資源等其他部門討論工作時，安東尼會認真傾聽他們的討論，因為對方的問題與他息息相關。他知道，這些部門的工作最終也會推動他的團隊向前發展。

現在，安東尼遠離了工作中的細節問題，更多地運用團隊中不同人才的力量。因為他知道，依靠團隊，他能取得比自己單打獨鬥更優秀的成績。他必須確保團隊成員全力以赴，學習更多的知識，獲得更多的能力。比如最近的一筆交易，他的團隊成員是負責人。安東尼的任務就是遊說公司高層，讓他們支援這個人，鼓勵他，給他足夠的空間展示個人能力。安東尼與客戶團隊中的重要成員見了面，但他只談了宏觀問題，並沒有討論交易的技術細節。他把這些工作都留給了團隊成員。

現在描述安東尼時，最常用的詞是「戰略」和「專注」。這些說法是非常重要的指標，其他人提到你時，也該使用這樣的說法。你應該像安東尼一樣，自然而然地把整體專案擺在最重要的位置，為整個公司的大局做出貢獻。

安東尼從E型領導者向S型領導者的轉變，並非突然發生，他也需要繼續在這方面做出努力。不過，我毫不懷疑他會繼續培養新能力、新習慣以及新的思維方式，直到他可以像運用專業能力一樣運用這些新能力。

S型領導者到底能為團隊和公司提供怎樣的價值？解決了這個問題後，接下來就讓我們解決另一個問題。這個問題同樣讓眾多新的S型領導者焦慮萬分：如果不親自完成工作，你該做什麼？又該如何完成工作？

第六章

如何完成（正確的）工作

凱倫知道如何增加價值。她是一名律師，在製藥產業工作。凱倫是供應商、IT及外包商業合約領域的專家。她的直屬部下包括三名律師和兩名資淺員工，她的資深部屬們均有特定的負責領域，分別是資料隱私、智慧財產權和供應商合約。凱倫並不了解每個領域的所有細節，但她相信團隊能精準地完成任務。和很多專家一樣，凱倫做的是混合性工作：她有一部分整合工作，另有一部分工作是起草、審核商業合約。

晉升後，凱倫進入了監管部門，她的工作範圍進一步擴大，並且接手了一個新團隊，該團隊由律師及負責諸如資料保護等其他工作的員工組成。無論工作範圍、職責還是團隊規模，均有很大的擴張，但凱倫覺得自己已經做好了準備。她不僅和監管團隊打過交道，而且知道如何確定優先順序，知道如何讓團隊關注戰略重點問題，也懂得如何創造影響力。

我為她高興。然而，在凱倫升職六個月後，透過我們兩人的共同朋友，我得到一個很讓自己震驚的消息：「她的情況不太好。公司高層開始對她失去信心，團隊也處於集體辭職邊緣。」

我知道因為不久前推出的一款新藥，凱倫的團隊承受著極大的壓力。這個朋友證實，壓力確實存在，但壓力並非其他人對凱倫不滿的根源。

團隊成員心存不滿，高層缺乏信心，這個場景對我來說並不陌生。我也知道，凱倫的老闆算不上優秀的教練型經理人。他的要求極高，又非常沒有耐心。我需要提醒一下凱倫，讓她能在局勢失控前找到問題根源。

凱倫坦誠地和我談起了她面臨的挑戰。她接到的任務是為監管確定標準化流程，並且讓整個團隊學會多從商業角度思考問題。凱倫對創造商業影響力駕輕就熟，因此，她沒有浪費任何時間就構建了團隊秩序，並且掌控團隊與高階主管的溝通交流。

凱倫剛接手監管部門時，公司發生了一次重大事故，某名高階主管掌握的敏感資訊外洩。凱倫的團隊堅持要求嚴格遵守相關流程，確保臨床試驗資料得到保護。這些擔心當然有理有據，但相關流程減緩了臨床試驗的完成速度，導致公司無法按計畫向市場推出某款藥物。凱倫介入後，商議了一份妥協方案，挽救了大局——或者說，她自認為挽救了大局。

儘管解決了問題，凱倫仍然覺得自己需要緊密追蹤監管團隊的工作進展，必須由她先審閱，才能把文件和電子郵件發送給高階主管。這導致她的工作負擔急劇增加。團隊成員的工作態度開始變得消極，他們覺得受到了嚴密控制，但又不能及時得到她的回覆。高階主管也不高興，因為工作沒能按時完成，而且凱倫似乎無法像過去一樣提出坦誠、有見解的建議，而這原本是她最為人稱道的特點。公司其他部門的同事也感到失望，因為他們很少有機會和她接觸、討論問題並提出有用建議。

凱倫開始覺得失控。她需要時間，以便能在監管領域集中精力，去研究細節、學習和思考。然而，她面臨著太多問題，有太多會議要開，有太多事要做。她沒辦法抽出足夠的時間和精力去研究監管領域的問題。

凱倫也控制不了自己的時間。日程撞期是家常便飯，她必須馬不停蹄地參加一個又一個會議，討論一個又一個議題。有太多需要她解決的問題。因此，凱倫沒有時間為高階主管會議做充分的準備，所以她無法像過去那樣為高階主管提出明確的建議。人們需要她做出決定，但在複雜問題上，她很難做出足夠優秀的判斷。

身為律師，凱倫接受的訓練就是確保自己的文件中不存在任何錯誤。法律上的錯誤可能導致大量金錢損失。監管部門與此類似，但監管的標準流程卻不像法律問題那樣，擁有那麼多明確的指導方針。監管規定的模糊性讓凱倫非常苦惱，她也不確定哪些具有足夠的效力。

在個人專業領域，凱倫通常可以諮詢外部顧問，她可以隨時尋求建議或證實自己的觀點；即便沒能得到這樣的幫助，她也能尋求其他公司中做相似工作的眾多律師的幫助。然而，在監管領域，她沒有這樣的人脈。她苦苦思索，試圖想出誰有和她一樣的經歷，但沒有想出任何答案。她的人脈中沒有人能提供幫助。

改變工作方式的具體作法

凱倫的職位晉升得過快嗎？這份工作無法做了嗎？或者更糟糕的是，就像公司裡的其他人所說的，她被提升到了一個超出個人能力範圍的職位了嗎？

你是否也擔心自己被提升到了一個自己沒有能力做好的職位上？你是否擔心其他人對你的看法？

以上說法都是錯誤的——至少現在是錯誤的。和安東尼一樣，為了更好地幫助團隊、部門及公司，凱倫需要做出一些努力。她需要在完成工作的方式及工作的具體內容方面做出根本性改變。

她需要從居中掌控轉變成為為團隊賦能、指導團隊，需要學會依靠更為廣泛的人脈，需要學會接受模稜兩可的狀態，願意隨時轉換焦點。最重要的是，她需要學會如何依靠良好的判斷繼續前進。

和第五章一樣，我將從凱倫的角度出發，和大家一起度過這個轉變過程。

從居中掌控，變為為團隊賦能

和第五章一樣，我首先提出這幾個問題：

你是否懷疑，下屬覺得你過度插手他們有能力處理的問題？

你是否瘋狂地試圖控制所有經由自己的資訊？

雖然某人的能力極為出色，但他沒有與你商量就處理了某事，而且你不是其中的核心，這會不會讓你感到極度不舒服？

你是否苦於尋找留在頂點的方法？

如果以上問題皆為肯定回答，你就需要放棄居中掌控的作法，學會如何站在一邊指導團隊。

「為團隊賦能」聽起來很簡單，實際內涵卻很豐富。其中包括培養與授權，這需要你擁有為其他人提供力量的心態，需要與工作維持聯繫，需要因應錯誤，培養團隊成員間的合作能力。你還需要重新思考與團隊的互動方式：團隊成員不該像車輪上的輻條，以你為中心但互相分隔，而應該像圓桌武士，能自由地與其他人（包括你）互動。

你也應該思考自己制訂戰略的方式。太多前E型領導者認為，也許只需要稍稍諮詢一下他人的意見，但他們仍必須親自制訂未來戰略。實際上，正如本書後文將提到的，S型領導者需要的是共同制訂戰略的心態。

培養與授權

如果試圖靠自己做太多事，你就無法按時完成工作，甚至根本不能完成工作，因為你的時間和精力都極為有限。把工作分派給其他人看作培養他們的機會，你可能需要承擔一些教練的工作，才能讓其他人擁有獨立完成工作的能力（沒錯，做教練也是你的工作）。不過，我相信，人們在獲得完全自主權後會帶給你極大的驚喜。

E型領導者經常向我保證，他們願意授權給他人，但前提是他們全盤了解相關任務，知道需要得到什麼樣的結果。然而，這並不是真正的授權，這是指揮。對領導者來說，指揮會造成兩個問題：第一，為了告知其他人怎麼做工作，領導者必須首先釐清任務的所有細節。第二，告知確定的工作會讓下屬失去動力。他們想靠自己的努力找到解決方案，而這通常也是工作的樂趣所在。

我當然不是說徹底放棄自己的職責，不是「授權並放棄」。當一個領導者不知道做什麼、找不到完成任務的方法、只是簡單地把責任轉移給部屬時，才會出現這種情況。不做任何指導就把任務甩給別人，你無法掌控任務進展，不能糾正錯誤，不能改變方向，也無法為利害關係人提供最新資訊，還會導致部屬極度沮喪。如果被指派接受任務的人意識到你無法給出指導建議，他們也許會越過你尋求更高級別的幫助——這顯然不是理想的結果。

你要做的，就是把授權看作一種溫和的詢問形式，一個透過提問、指導對方邊思考邊解決問題的過程。你可以根據具體情況調整詢問的深度。

什麼意思？假設你有一個下屬擁有出色的技術能力，但在完成專案的過程中，他既不考慮現實，也不願意引入其他利害關係人。以下就是一個以詢問形式授權的例子。

經理：跟我談談你準備怎麼處理這個專案。最重要的問題是什麼？

部屬：我們需要解決三個技術問題。

經理：利害關係人呢？他們對這個專案成功有多重要？

部屬：他們必須同意這個結論，否則無法進行工作。

經理：好的。我們聊聊時程，最終交付日期是什麼時候？

部屬：最終簽收日在兩個月後。

經理：從那個日期向前推算，這個專案需要誰的批准？

部屬：我覺得需要你的老闆批准，這個專案才能繼續推進。

經理：那肯定啊！還有誰會受這個專案影響，在最終結果確定前希望了解進展？

部屬：運營部門會非常關心，他們也會提出意見。

經理：運營部門需要多少時間才能充分了解情況、提出建議？需要多長時間才能得到他們認可？可以採取什麼臨時步驟加速獲得他們的認可？

類似的問題還可以繼續問下去。根據員工的專業能力，領導者詢問的細節程度也應該各有不同。專業能力越出色，你需要提的問題就越少。越想培養、開發一個人的某種能力，你就需要提出越多的問題。

這種類型的授權可以教會員工去解決你認為最重要的問題，即使他當時還不擁有那樣的能力。這將賦予員工自信及自主感，讓他們產生掌握主動權的感覺，同時能讓主管產生員工知道該做什麼的信心。

員工描述出需要完成的工作（比如在推進專案前諮詢利害關係人），意味著他更有可能真正動手去做。當利害關係人要求你提供最新資訊時，你也能知道員工處於流程的哪個環節以及下一步計畫。這樣的管理足夠回答利害關係人的大部分詢問，如果不夠，那就讓員工參與進來，由他們提供具體細節。不管怎麼說，這些都表明你正在掌控全局，即便不是細節方面的專家，也能對團隊做出指導。

擁有為他人提供力量的心態

指揮式授權與詢問式授權的區別就在於心態。非專家型領導者採取的是賦能，而非下指令的心態。下列表格對這兩種看待世界的方式進行了比較。

指令式，專家心態	賦能式，整合心態
・我知道該做什麼 ・我提供答案或基本框架 ・如果按我說的做，就會得到好結果 ・因為知道該做什麼，所以我提升了價值 ・因為知道該做什麼，所以我得到了尊重	・多個方法可獲得同樣的結果 ・我不知道具體該做什麼，但我知道公司需要什麼 ・我鼓勵其他人多思考，開發更多的能力 ・我有時間指導他人，這是我的主要工作 ・通過賦予他人力量，我提升了價值 ・因為我能投入、激勵他人，我得到了尊重

出問題時，不同的心態會導致經理人提出不同類型的問題。

指令式，專家心態的經理人會問的問題	賦能式，整合心態的經理人會問的問題
• 為什麼會發生這件事 • 什麼地方沒有理解 • 我們忽視了什麼 • 這些問題指向一個方向：「這就是我們下次該做的。」	• 這創造了哪些可能性 • 能換一種方式描述現在的情況嗎 • 怎麼保證自己沒有偏離正軌 • 我們從中學到了什麼 • 還需要諮詢誰 • 還需要考慮誰的意見 • 這些問題指向一個方向：「下一次你想採用什麼不同的做法？」

想學會透過詢問進行授權，你需要放下專家心態以及因專家心態而生的問題。提出賦能型問題可以讓非專家們互相依靠。比如，簡報結束後，專家心態的人可能會說：「這次你做錯了，沒能吸引聽者的注意。下次應該這麼做。」而擁有賦能型心態的人會說：「你觀察與會人士的反應了嗎？你看到了什麼？從什麼地方開始失去聽者注意力的？下一次你會採取哪些不同的做法？」

透過詢問而授權就是經理人的教練工作，兩者需要的技能完全相同。這種方法可以讓授權和培養能力同時進行。

培養團隊能力練習：你需要制訂計畫，在接下來的一個月中，與每一個部屬完成這個授權練習。以下為具體流程。

針對每一個部屬，回答以下問題：

- 做為領導者，在與這個人打交道的過程中，你的大部分時間花在了什麼地方？這是最該花費時間的事情嗎？
- 你希望這個人發展哪方面的能力？
- 在與這個人的每次交流中，你如何促進這個發展動向？

與任何一個部屬見面之前，準備好上述問題的答案，以便在交流時進行針對性指導。關注自己提出的問題能在多大程度上促進對方思考。

提出更有用的問題練習：需要注意的是，想提出更有用的問題，首先你需要確立與對方交流的目的。以下是一些我見過的針對不同目的所能提出的最好問題。（對於這部分的內容，可以參考法蘭克．賽斯諾（Frank Sesno）所著的《精準提問的力量》（*Ask More*）。）

可用於診斷問題的提問：

- 發生了什麼事？
- 我們是怎麼知道這個情況的？
- 過去我們在什麼地方看到類似的情況？
- 我們沒有看到什麼？
- 我們該做什麼？

可用於鼓勵戰略性思維的提問：

- 我們從過去的經驗中學到了什麼？
- 最佳選擇是什麼？
- 風險是什麼？
- 改變如何發生？
- 誰會在其中扮演角色？
- 為了成功我們需要哪些資源？我們是否擁有這些資源？

- 我們如何衡量進展？

與構建同理心有關的提問：

- 你有什麼經驗？
- 你認為什麼是真的？
- 你的感受／想法是什麼？
- 你最擔心的是什麼？
- 你的意思是什麼？詳細說說。

與釐清任務與目標有關的提問：

- 你在意的是什麼？最擔心的是什麼？
- 你想構建什麼？
- 我們能做什麼？
- 你的原則或價值觀是什麼？
- 做決定時我們需要考慮什麼？
- 其他人／我能做出什麼貢獻？
- 我們究竟能大膽到什麼程度？

教練練習：與部屬會面，按照以下順序提問：

- 你在想什麼？還有其他想法嗎？
- 你嘗試了什麼？沒有嘗試什麼？
- 你認為自己為什麼取得了這些成績？
- 你希望從我這裡得到什麼？
- 你學到了什麼？

（改寫自 Michael Bungay Stanier, *The Coaching Habit: Say Less, Ask Moreand Change the Way You Lead Forever* [Box of Crayons Press, 2016]）

授權與組織管理是息息相關的兩個環節。如果把一個大任務拆分成適合每個人不同能力的不同難度的小任務，我相信你能讓任何人完成一部分任務。比如，你要為董事會準備一份報告，可能只有你一個人有能力撰寫總結報告並指出具體影響，不過你還是可以先思考做出總結前要做的所有工作，像是找到去年的報告進行覆核、收集資料並分析、確定ＰＰＴ簡報的結構、對結論做出論證。

最有經驗的團隊成員可以接手他們已經了解的環節，如分析資料。即便是團隊中最沒經驗的人也能協助特定環節的工作，如收集用於分析的資料、審核去年的報告，或者設計簡報的格式。

很多經理人指出，授權會比親自動手耗費更長時間。如果你是專家，這種說法當然沒錯。可是親自動手會讓你付出什麼代價？或者說，沒有抽時間透過詢問的方式把工作分派給其他人，這讓你付出了多少成本呢？首先，你永遠只能自己完成任務，未來一年、兩年、三年都如此，這是利用時間的最佳方式嗎？對公司而言，你和下屬的時間成本分別是多少？

重視自己的時間練習：把自己的工資金額乘以二．五。總的來說，公司的雇用成本就是你工資的二．五倍左右，其中包括辦公室、電話、IT、福利等各項費用，並設定合理的每週休息時間和度假假期，計算你工作一小時讓公司付出了多少成本。對自己的下屬也用同樣的計算。面對任何需要完成的任務時，問自己什麼才是利用公司資源的最高效方式，即便下屬可能需要花費兩倍於你的時間才能完成工作，但這仍有可能是更為划算的選擇。

與工作保持聯繫

做為經理人、領導者，你需要了解團隊成員正在進行的工作。了解工作進度的原因有很多，其中包括你希望在參加會議時更好地呈現他們的工作。然而，要求團隊每天（或每週）彙報工作會降低員工的工作動力，給人一種過度介入、不被信任的感覺。

解決這個問題的方法在於授權的形式。讓我們回到剛才的案例（第 128 頁），經理如何想辦法讓一個精通技術的下屬更關注利害關係人議合（Stakeholder Engagement）。那次對話交流結束後，這個經理對下屬有可能在何時何地忘記利害關係人有了比較清楚的概念。我們可以假設，在第一次業務審核後，下屬可能會忘記關於利害關係人的事，這時經理就應該在這次審核後提出要求，讓下屬跟進。這樣一來，不僅下屬覺得自己擁有的自主權得到了重視，經理也能夠透過詢問、根據會談的結果追蹤進展，並及時做出相應的調整。

與團隊成員保持聯繫的頻率不僅取決於對方的能力，而且與局勢的發展和任務的階段有關。局面越複雜、涉及的各方勢力越多，越需要更高的接觸頻率。必須對你為什麼頻繁接觸做出解釋，以免下屬留下不被信任的印象。

應對錯誤

應對錯誤是工作流程中不可避免的環節。有些錯誤可以預見，有些則不能。當你在做其他人從未做過的事情時，錯誤必然出現。重新整頓，討論已經發生的事情和下一次的作法，如果想獲得別人的信任，不要指責對方。好消息是，犯錯後，道歉並解釋接下來的作法，往往就能有很好的效果。研究表明，誠懇的道歉反而能讓人們的關係變得比犯錯前更為緊密。

誠懇的道歉，無論本意好壞，首先需要承認自己的行為對其他人的影響。比如：「我想我說的話傷害了你。」你必須在意這份影響，如果你沒有發自內心，說的都是客套話，其他人能聽得出來。接下來，你需要講出下一次會採用什麼不同的作法。比如：「下次在與主管交流前，我會先跟你談過。」你也可以詢問對方希望你未來做出什麼改變。接著要做的就是傾聽，儘管對方不一定會原諒你，卻是你唯一能做的事。

高階管理人員經常對我說，他們可以容忍壞消息和錯誤，前提是犯錯的人需要及時承認錯誤，在承認錯誤前曾盡全力試圖解決問題，且願意從錯誤中學習經驗教訓。

一個非常資深的領導者透露，他曾犯下一個導致公司損失五億美元的巨大錯誤。那是週五，他接到通知，要在下週一和執行長開會。週末他告訴家人，自己很有可能丟掉工作，讓他們為接下來的變動做好準備，比如搬家。週一開會時，他和執行長融洽地談起了戰略、商機和競爭對手等話題。他一直等著執行長提起解雇話題，實在忍不下去後，他主動提到：「你不準備開除我嗎？」執行長回答：「不，我剛剛對你投資了五億美元。不要再犯這種錯誤了。」

其他人犯錯時，你要接受一個現實：即便是好人，也只有百分之九十的時間會做你認為正確的事，剩餘百分之十的時間則會犯錯。你需要問自己，耗費時間擔心這百分之十是否值得。

少擔心錯誤練習：為了讓指導對象變得更大膽、更靈活，導師有時會問：「如果出錯了，最糟糕的情況是什麼？」總的來說，這是好的指導方法，不過，對指導對象（或者任何人）來說，如果對於潛在錯誤非常焦慮，他們就很難理性思考。即便只是想像而非現實，潛在的災難結果仍然會給人們帶來巨大的壓力。出現焦慮狀態前，首先確定兩三個能夠幫助你走出困難局面的人。他們必須是你信任的人，在祕密檔案中寫下他們的名字。當你開始焦慮時，就打電話給他們諮詢。

坐下來，認真思考。列出可能出錯的地方，認真考慮負面結果。對於清單上的每個事項，記下可能發生某種結果的跡象，再注記出現這些跡象時你能做什麼。你的朋友可能比你更加理性，不會過於情緒化，他們會幫助你從現實角度思考問題。只靠自己，有時很難完成這個練習。

培養團隊成員間的相互信賴

完成工作的另一個方法，就是提高團隊成員之間的合作能力。當團隊成員互相交流、徵求意見、討論各種選擇且學會互相依靠時，才更有可能做出正確且合理的決定。對領導者來說，團隊的集體知識才能發揮更大的效能。

如何培養團隊？關於這個主題，我們可以找到成千上萬種說法，但有兩件事至關重要。首先，團隊中的所有人都要理解為什麼需要團隊合作，而且給出的原因必須扎實可靠。其次，團隊成員必須有合作的良好習慣。

建構團隊共通點練習：確定一個只有團隊成員透過合作才能完成的任務，利用團隊時間完成這個任務。按照自己對團隊合作形式的期望設計任務，將這項任務與團隊成員只需要分享資訊或更新進展的任務區分開來。

建立感情聯繫練習：確保團隊成員有共處時間，有機會了解彼此的觀點與行事風格。確定如何傾聽不同的觀點，如何適應不同的風格。市面上有很多用於評估自己及他人工作風格的工具。我偏愛的幾個工具包括：邁爾斯－布里格斯性格分類指標（Myers-Briggs Type Indicator）的第二部分：基本人際關係趨向行為工具（FIRO-B）、霍根團隊評估工具（Hogan Team Report assessment）、以及重要目標驅動（Imperative's Purpose Drivers）。

誠實討論練習：審查一個最近完成的項目。要求每個團隊成員說出完成任務的過程中自己喜歡的地方，接著再說出不喜歡的地方，以及未來會採用哪些不一樣的作法。結束這兩輪交流後，再與團隊討論未來的行動方式。

鼓勵對話練習：為了讓團隊不繞圈子、討論真正的問題，你可以嘗試以下方法。確定一個對團隊工作具有核心意義的問題，而且這個問題與團隊需要討論的事存在關聯。給每個人兩分鐘，讓他們說出自己對這個問題的看法。明定每個人只有兩分鐘，超時就打斷他們。同時要求任何人不能對其他人的說法做出回應，不能提問，不能反駁。如果有人打斷了別人的發言，你也要制止。所有人結束發言後，再給每個人一分鐘評論的時間。比如，有人可能想澄清之前的說法，認同或反駁其他人的說法，或者提出全新的觀點。第二輪發言結束後，對前面所有發言做出總結，指出人們達成一致或未達成一致的地方。隨後放開討論。你會發現，現在的討論重複之前內容的情況開始變少。團隊成員明白他們在哪些問題達成共識，所以沒有必要重複同樣的觀點。此外，需要討論的核心問題也得到了釐清，設計和推動討論也會變得更為簡單。

誰做決定練習：粗略估算一下團隊共同決定和你做決定的數量，兩者的比例如何。一名高階管理人員估算，在保持高效溝通交流的前提下，大約有百分之七十的決定是團隊成員做出，而剩餘百分之三十需要他的參與。更重要的是，他和團隊都能理解兩種作法的區別，從而節省了時間和金錢。

不只是輪轂與輻條

專家型領導者經常不自覺地以自己為中心，創造出輪轂－輻條結構。因為對所有團隊成員而言，這種領導者的知識能力是他們完成工作的首要因素。當團隊成員需要資訊或指導時，他們只需要找到這個領導者，不需要再去諮詢其他任何人。最重要的討論發生在領導者與其部屬之間，而非發生於團隊成員之間。這種結果讓領導者對整個團隊擁有極高的掌控度，在專業能力主導的領域，這種結構並無不妥。不過，這種結構會限制團隊成員之間的交流，對於整合者的團隊來說就不是好事了。

應當把團隊成員看作圓桌武士，他們能像和你討論一樣自由地互相討論交流。當你領導一個由不同類型的人才組成的團隊時，每個人掌握著各不相同的資訊，而他們的觀點可以成為創新的源泉。此外，當團隊成員發現他們需要彼此時，這會極大地加強他們之間的信任，增加彼此的交流，最終提高整個團隊的表現。

你的團隊心智模型練習：向自己發出挑戰。當你想到自己和團隊其他人的互動時，你們之間有著怎樣的對話形式？向自己發問，以下是不是最常見的場景：你先說話，其他人回答，你做出回應，又有第三個人接著發表意見。團隊成員之間的交流是否多於和你的交流？是否存在中立的會議記錄者，追蹤團隊的對話走向？考察交流的模式，你是絕大多數對話的中心嗎？或者另有其他模式？

共同發展戰略

習慣E型領導角色的經理人們一般認為，設計發展戰略圖是自己的職責，他們會讓其他人負起責任，按照自己的設計執行戰略計畫。這樣的領導者願意接受、有時甚至會鼓勵團隊成員提出建議，但僅此而已。然而，圓桌武士的職能顯然不只是執行上司交給他們的戰略。當整個團隊共同參與戰略設計時，他們會更加投入、更有熱情，也會更加專心。S型領導者的職責不僅在於確定界限，同時也要推動共同設計戰略的進程。只有這樣，你不必事必躬親也能活躍地管理戰略設計流程。

共同發展戰略練習：確定目標、基本時間線以及衡量目標的完成標準（比如預算、市場限制、創新），讓團隊每個成員安靜地思考實現目標的方法，並在便利貼上寫下一個想法。接著，隨便挑出一張便利貼開始小組討論。不允許批評，只允許提出能夠解釋這個想法的問題，有類似想法的人可以把自己的想法寫在旁邊。透過這個方式，你就創造出了創意集。接下來以同樣的方式討論下一張便利貼上的想法，直到討論完所有內容。而後退後一步，為所有創意集設置標籤。討論團隊喜歡或不喜歡的問題，讓團隊投票選擇他們最喜歡的三個或五個想法。現在，你就有了團隊成員有參與感的「勝出」想法。

讓團隊把這些想法變為更具體的計畫，供未來討論。

從依賴專業技能和連結，變為依靠廣泛的人脈

相較於和本公司其他部門的同事交流，你更願意和其他公司的專家交流？

你是否認為在公司其他部門交流需要耗費更多時間？

你是否認為，其他人認識你是因為他們聽說過你的專業能力？

人們是否在需要你的專業知識而非需要討論其他話題時聯繫你？

你對公司其他部門的興趣不如對自身技術領域大？

如果皆為肯定回答，你就需要花更多精力來構建人際關係和資訊管道，這些往往是團隊成員比較缺乏的。方式就是創造一個超越團隊人際關係領域的新網絡，並且定期保持互動。朋友和同事的範圍越大，你越有可能發揮影響力，收集更多的資訊，了解自己團隊關注的是不是真正重要的工作。歸根結柢，你為團隊增加價值的重要方式之一，就是有能力動用團隊日常工作以外的資訊、人力和資源。對高效的整合者來說，花時間搭

建廣泛的人脈是重要的日常工作。建構這種人際網絡的方法主要分為三類：尋找共同興趣、提出交換資訊及成為連結者。

尋找共同興趣

人們經常問我，怎麼才能和一個徹頭徹尾的陌生人建立聯繫。我的回答是：想想自己如何因為共同有興趣的活動、慈善行為及客戶活動而輕鬆地與他人建立聯繫。如果想把一個人納入人際網絡中，你需要找到一個雙方都在意的愛好、活動或共同興趣。

怎麼才能知道雙方存在哪些共同的興趣？觀察對方的辦公桌，桌子上布滿線索。尋找那些和自己的興趣有重合的東西。如果彼此都有孩子，那就談論孩子們的活動；如果都關心藝術，那就談論藝術；如果共同興趣是體育，那就談論體育。

最開始只需要簡單的對話，幾分鐘即可，下次再見面時可以繼續上一次的對話。（順便一提，這可能是你在工作場合開啟話題的好理由，這能讓對方更輕鬆地主動與你交流，並建立聯繫。）

最糟糕的情況下，即便對方的工作環境中沒有任何能讓你產生共鳴的東西，你也可以試著以雙方幾乎沒有共同點開啟對話：當我走進一間辦公室，和一個高階管理人員第一次見面時，我看到一張對方跑完紐約馬拉松的照片，於是我說：「哇，您是長跑愛好者？太厲害了！」對方回答：「你跑步嗎？」我只能說：「不跑。我試過好多次了，但跑步不適合我。」對方聽完一笑，聯繫就這樣建立起來了。我們接著聊到他為什麼跑步，我對他也有了深入的了解。

創造連結練習：如果在引導某人進入自己的人際網絡時遇到困難，你可以把對方想像成客戶或者消費者。你不可能在沒做功課、不了解對方的興趣和擔憂的時候就參加客戶會議。用同樣的思維方式面對人際網絡的潛在對象，你會找到很多興趣重合點。

共同興趣練習：如果想不到共同主題，那就從下列清單中挑選一個。

- 你是怎麼參與到這個團隊／課題中的？你對這個公司是如何產生興趣的？你在這裡工作了多長時間？
- 如果參加活動，你可以問：這個活動裡你認識很多人嗎？能告訴我主委是誰嗎？你加入這個團隊多久了？
- 如果參加的是一個新活動，你可以問：這是我第一次參加這個活動，你能介紹一些認識的人給我嗎？

- 閒暇時你喜歡做什麼事？
- 你喜歡看電影嗎？喜歡看書嗎？還是喜歡聽音樂？
- 食物——所有人都喜歡談論美食：你有最喜歡的餐館嗎？你最喜歡吃哪種菜？你試過（某道菜）嗎？你做飯嗎？
- 對局勢做出評價——為什麼會出現這個情況？誰參與其中？有誰支持？有多少人參加？你是怎麼參與進來的？
- 你是體育迷嗎？喜歡哪個賽事？
- 和藝術有關的問題——電影、博物館、戲劇、展覽：最近你看了什麼演出？
- 你參與慈善活動嗎？或者參與哪些特定訴求的活動嗎？
- 你有度假計畫嗎？想去哪裡旅行？度假時最喜歡做什麼？
- 以上所有話題都沒有效果時，可以談論天氣。

提出交換資訊

不同部門的同事對業務可能有著完全相同的擔憂。因此，建構人脈最自然、最高效的方法之一，就是分享有價值的資訊。你會發現，絕大多數經理人都極度渴望資訊，只要能分享一點資訊或趨勢，他們就會迫不及待地與你交流。更好的是，他們會對你的說法稍加修改後與其他人溝通，從而強化你的名聲與人脈。

思考誰在乎你掌握的資訊，主動找到這樣的人去分享資訊。經過一段時間，其他人會把你看作優質資訊來源，逐漸聚攏在你身邊。你可能覺得分享資訊會耗費太多時間，但我鼓勵你換一個角度思考，最受推崇的領導者經常說，人們應當慷慨地分享資訊。分享資訊和觀點確實耗費時間，然而想一想具有影響力的人把你看作某個主題或客戶群的專家時，這個名聲會為你帶來多少好處。

分享資訊練習：列出一份清單，確認自己掌握了哪些對別人可能有價值的資訊。這份清單的內容包含客戶的擔憂和想法、行業趨勢或競爭資訊。誰有興趣了解這些資訊？如果想不出具體的人，那就確定什麼職位的人會對這些資訊有興趣。藉此確定承擔相關工作的人，再進行交流。知道自己能夠提供什麼資訊，你就讓自己處在能夠交流知識、討論觀點，同時分享閱讀材料和會議報告的有利位置。

共同客戶資訊練習：不管你具體負責的是哪個客戶或專案，公司其他業務線上總有人會面對同一個客戶。找到公司裡的這種人，和他們交換資訊，分享自己的擔憂，討論從客戶處聽到的消息。比方說，你可以對同事說：「我注意到你在和A客戶合作，我也是。他們因為百分之百無紙化辦公，給我的團隊造成了很大的壓力。你發現同樣的問題了嗎？你是怎麼處理這些問題的？」

每日訊息練習：每一天發掘不同的訊息，你會小有收穫，問題也會浮出水面。每天結束時問自己：「我今天忘記告訴誰什麼了？」然後發一個簡短的電子郵件分享這個訊息。如果對方想了解更多，就會詢問更多，或直接找你交流。由此一來，你的人脈、接觸資訊的能力以及幫助團隊前進的能力都會提高。

成為連結者

與他人建立聯繫時，你能為對方做的最簡單、最有效的事情，就是利用已有人脈，將已經認識的人與自己試圖認識的人連結在一起。成為「連結者」是提高自身人脈的品質、提升個人價值的好方法。只要展現出幫忙的意願，不管是多小的事，都能幫你建立新的聯繫。如果在尋找機會，未來你很有可能找到機會。

成為連結者練習：如果你想加深與某人的聯繫，那就思考人脈中的誰會願意與這個人見面、有共同興趣，或可能幫助這個人因應面臨的挑戰，幫助雙方建立聯繫。

在本章中，我們已經討論了與人際關係有關的兩個轉變：如何為團隊賦能，以及如何學會依靠更為廣泛的人脈。不過，除此之外，內在也必須發生改變——思維方式、組織安排工作的方式以及對「夠好」的態度都需要發生變化。在學習如何完成正確的工作過程中，這些都是你要面對極為重要的自我管理挑戰。

從深入研究，變為接受模稜兩可

你會深入研究分析結果，堅信只要投入精力，就能找到明確答案嗎？
你能接受事情不是黑白分明的狀態嗎？
自身角色或環境模稜兩可的狀態會損害你的自信嗎？
必須說出「我不知道」時，你會有很糟糕的感覺嗎？

如果皆為肯定回答，你要做的，就是學會接納模稜兩可的狀態。在整合工作中，即便盡全力做出分析，你仍有可能無法確定事實、問題以及最佳行動方案。即便無法消除歧義，你仍要學會坦然與它相處。這其實是心理的自我訓練：接受世界本來的樣子，相信自己能像其他人一樣在這樣的世界中生存。假如因為模稜兩可而苦惱，你要做的就是訓練自己的思維。

你可以遵循以下五個竅門：

- 重新描述現實，不要把現實說成糟糕的問題，而是描述成有趣的謎題。[1] 想提高自身解決謎題的能力，你可以觀察身邊在這方面能力出眾的人。他們做了什麼？什麼能力讓他們在面對難題時泰然自若？好奇心在這裡能有很大作用，因為腦海中突然浮現出來的想法通常能讓你感知到哪些事情最重要。在模稜兩可的局面中，你需要從多種來源中尋找有用資訊，以此了解全局。
- 帶著玩鬧之心。面對困難但明確直白的問題，嚴肅認真、腳踏實地地分析研究也許能解決問題。不過，在面對模稜兩可的局面時，換一個角度，用不同方式描述問題，可能產生更好的作用。特意帶著玩鬧之心，說不定你能誤打誤撞找出一條通路。玩鬧可以激發創新。

- 多做假設。多提「假如這是真的」以及「假如發生這件事」這類問題，為自己創造機會，想辦法對局面做出解釋，看看能引出什麼線索，再嘗試另一種假設。比如，假如擔心一項新技術可能損害自己現有的專案，你可以問：「假如這是真的怎麼辦？會發生什麼？」尋找可以證實或反駁預感的線索。問自己，需要找到什麼證據才能讓你對自己的判斷更有信心。
- 學會容忍錯誤。出問題時，要把錯誤丟到腦後，集中精力向前推進。如果發現自己反覆思考一個問題，你需要立刻做出結論，把精力轉移到下一個問題。不要關注錯誤，重要的是你在其中學到了什麼。
- 向行業外或專業領域外的人解釋，簡化複雜問題。[2]找到一個不了解細節、不了解背景的人，向他解釋自己遇到的問題。在對話中簡化一個問題，對你來說也是對問題的簡化。你的孩子可以在這方面幫上忙。

展望未來可以讓你更宏觀（也會讓你更興奮），讓你不再過於擔心一個肯定的答案，而是更關注走上正確的方向。比如，在市場或技術迅速變化的情況下，找到正確答案並不是一件容易的事，然而找到正確的方向難度就沒那麼大了。

哈佛大學教授羅納德・海飛茲（Ronald A. Heifetz）提出了一種截然不同的因應模稜兩可的方法。他指出，領導者有時應當「將工作交還給團隊」。[3] 領導者並不需要時刻知道答案，也不必總是靠自己找出答案。有時候，最好的辦法就是把問題交給團隊，讓他們去處理。

因為模稜兩可而苦苦掙扎時，你的目標不該是明確徹底地解決問題，而是了解問題的本質：找到足夠明確、足夠核心的要點，讓公司能夠向前推進。

挑戰本質練習：想辦法萃取出某個局面的本質，幫助其他人迅速理解複雜的問題。我發現，思維地圖在解決這種問題時很有用。思維地圖是一種蜘蛛圖（spider-diagram）工具。透過分支表，蜘蛛圖能夠表明一個概念或行為與核心理念的關係。只用一張圖，思維地圖就能精準地捕捉問題的複雜性和互相依存性。市面上有多款軟體可以把你的想法變為清晰可讀的圖表。

不確定時期的下一步練習：當你不知道選擇哪個方向、不知道未來會發生什麼時，詳細地列出每一個選擇。問自己，什麼事件或資料能夠支援某個選擇？在考慮發生特定事件或出現特定資料時自己會做什麼？對每個選擇都要進行這樣的思考。退後一步，尋找其中的共同點。在所有可能的選擇中，即便沒有事件或資料支援，你還是會選擇哪個？一邊摸索未來一邊做這些事情。

成功練習：慶祝所有微小的成功。留時間欣賞每天或每週那些取得良好進展的小事，可以寫日記，或為這些小成就保留一份記錄。你可以讓團隊把這些成功記錄在白板上。你會發現，自己和團隊對不夠清晰的現狀會有更高的容忍度，信心也會越來越強。

從錯誤中學習練習：創新型公司經常說「快速失敗」，也就是盡快失敗，從失敗中學習並做出調整。你也要用這種態度面對錯誤：我們從中學到了什麼經驗教訓，可用於提高自己在未來的表現呢？

因應錯誤練習：學會容忍錯誤的一個簡單方法，就是擺脫情緒化、自我挫敗式的思維方式，學會理性地與自己爭論。

- 什麼證據能證明這個錯誤帶來了災難性後果？確定能夠證明災難性後果的事實，也許你會發現，這樣的事實並不多。
- 你最害怕出現什麼情況？比如，除了被開除，還會發生什麼？
- 這個錯誤有什麼作用？還能做什麼嗎？如果有能做的事，那就行動。[4]

從注意力高度集中，變為有能力經常轉換焦點

有人打斷你時，你很難把全部注意力集中到新問題上？

不斷改變主題是否讓你有點暈頭轉向？

因為心思還在上一個問題上，你是否很難對新問題有一個清晰的概念？

廣泛的主題是否帶給你巨大的壓力或疲憊？

你是否苦於兌現承諾？

如果皆為肯定回答，你就需要提高自身轉移焦點的能力，以此節省時間、保持理性。

同時，要會拒絕。

經常轉移焦點

整合者需要面對大量毫無關聯且陌生的問題。他們需要擁有迅速轉移焦點的能力，在特定時間對每一個主題、每項工作投入全部精力。這會讓人感到筋疲力盡。對專家型領導者來說，這是巨大的挑戰，他們通常可以在特定時間投入全部精力集中解決某個問題。轉移焦點需要時間，也消耗精力，整合者會採用多種方法處理這些問題。

管理個人精力的一個重要方法，就是構建某種類型的體系，把大腦中的想法記錄下來。大衛・艾倫（David Allen）所著的《搞定》（*Getting Things Done*）仍是講解這種方法的最佳工具書。工作領域相對較窄的專家型領導者，也許擁有出眾的能力，僅憑大腦就能記憶所有相關資訊，可是他們在轉變為整合者後，這種能力不再有效，因為他們需要追蹤太多不同領域的不同事情。把任務記錄下來，可以解放大腦、平息擔憂，這樣你才能把全部注意力集中在目前的課題或個人身上。擁有一個可靠的待辦事項系統，對保存精力有著至關重要的作用。

簡而言之，不要試圖記住一切。為大腦留出思考和分析的空間，不要把精力全部用在記憶和追蹤一切細節上。這意味著你需要做到如下的事情：

- 立刻將尚未完成的工作放到待辦清單上。手邊準備好紙和筆，以便隨時整理這份清單。結束會議前做好這件事。
- 整理待辦清單。標注出特別需要完成的工作，將任務拆分成不同的小任務，思考哪些人能完成這些小任務。標注出完成任務的時間期限。
- 立刻著手去做兩分鐘以內就能完成的工作。
- 隨身攜帶這份清單，只要有時間，你就能完成其中的小任務，比如打電話給某人。
- 組織你的檔案，這樣在尋找資訊時就不會太費勁。確立一套體系並堅持使用，書面或電子系統的效率相當，你只需要找到一個能持續使用的就行了。

練習正念能排除腦中的雜念，讓自己保持專注。陳一鳴（Chade-Meng Tan）所著的《搜尋你內心的關鍵字》（*Search Inside Yourself*），從工程學、科學的角度完美地解釋了如何探索正念。

正念練習：如果你早已開始冥想練習，那麼恭喜你，繼續保持下去就可以了，科學已經證明了冥想的價值。可是如果你和我以及我遇到的很多高階主管一樣沒有耐心，冥想就很難產生理想的效果。有一個簡單的方法也能有好效果，你需要一個能夠集中注意力的物體。我用的是手錶上的秒針。首先平穩呼吸，注意呼氣，保持呼吸速度不變。呼吸時，把所有想法與注意力投射於物體上（我的手錶上的秒針）。看著秒針轉圈。你只需要注意這個物體兩分鐘，就能對心情產生正面影響，減少壓力。

在轉移焦點前，做好充分準備能讓你更輕鬆地投入工作。有一個方法特別有用，就是在換任務前在紙上寫下原本要做的事。這樣做有兩個目的：第一，有助於你忘記舊工作。第二，完成新工作後，你能更輕鬆地重新開展舊工作。丹尼爾·高曼（Daniel Goleman）所著的《專注的力量》（*Focus*）一書是有關專注力的絕佳參考書，也是我心目中他迄今最好的一本書。

- 透過減少干擾、中斷的次數而節省時間。美國加州大學爾灣分校資訊學教授葛洛莉亞·馬克（Gloria Mark）發現，被干擾、打斷後，一個人平均需要23分15秒才能重新聚焦於工作。[5]
- 阻止干擾出現可以創造時間。身為S型領導者，你不可能徹底消除干擾，但你可以把手機和電子郵件提醒關掉一小時，專門處理重要且高回報的工作。你可以考慮在短時間保護自己不受干擾，這樣就不會因為干擾而浪費一整天時間。

控制干擾練習：打開辦公室的門，或者在特定時間內允許下屬隨時與自己交流，用這些方法減少干擾的頻率。如果人們知道你在每天特定時間歡迎他們提問，他們也會學會配合你的時間安排。

排除任務練習：關注最重要的任務、排除其他任務，有助於減少轉移焦點的次數。二乘二矩陣是一個古老但有效的工作方法，可以幫助你考察任務的重要性與緊迫性，或是付出與回報。

	不那麼重要	更重要
更急迫		
不那麼急迫		

	高付出	低付出
高回報		
低回報		

抽空把各個任務填入矩陣中的合適位置，這會迫使你思考如何投放個人精力。另外，你也會接受某些任務不值得付出時間和精力的現實。

專注練習：試著在五分鐘裡把注意力集中在一兩件事上，排除所有干擾。比如數出一張紙上字母A的數量。這樣的練習也許不能提高大腦功能，卻有助於提高專注力。

當你調轉到整合者的世界，你可能感覺時間是最大的敵人。你要參加的會議數量多到幾近失控。你不可能放棄參加「不重要」的會議，缺席會傷害其他人的感情、未能下決定，也有可能無法傳達重要的資訊。與此同時，像《經濟學人》這種你最愛看的雜誌放在辦公桌上，你卻因為工作繁忙一本也沒看。

你必須改變自己的時間觀念。你沒有足夠的時間，永遠也不會有足夠的時間。你永遠有更多的東西要讀，有更多的研究要做，有更多的人要見，有更多的會議要參加，有更多的事要去確認。如果接受了時間永遠不夠的事實，你就會問自己怎樣才能好好使用現有的時間。你要完成哪些工作？如何完成工作？你會從有限的時間中抽出多少來完成這些工作？還有最重要的，你不會做哪些事？

優先排序練習：以下不只是練習，而應該成為習慣。每天在拿起手機或者查看電子郵件之前，首先選出當天應當優先解決的問題，確定當天需要做什麼才能解決優先事項，在自己工作效率最高時完成這些工作。這應當是每天早上干擾尚未出現時很多人要做的第一件事。忙碌過完一天，但什麼重要的事也沒完成，這種情況太常見了。現代管理學大師彼得．杜拉克（Peter Drucker）強調時間以及選擇的重要性。他提倡「有計畫的放棄」，這意味著為了著手新工作而停止做某些事。

協商練習：尋找拒絕他人請求的機會。有時可以是建議他人完成工作，有時則不是直白地拒絕而更像是協商。為了節省自己的時間與他人協商，這是鮮少得利用的方法，可以為自己留點喘息的機會，集中精力解決最重要的問題。我們可以找到很多專門講解談判的書和文章，比如羅傑．費雪（Roger Fisher）等撰寫的《哈佛這樣教談判力》（*Getting to Yes*）。這個方法實際上要求你了解自己能夠提供什麼，以及願意付出多少努力理解對方的興趣、要求與選擇。越是了解對方的真正需求，就越有可能獲得雙贏。

不過，我發現，雙贏局面並不總是會出現，人們不一定有足夠的時間找到理想的解決方案。儘管如此，你仍然可以提高自己的能力，透過思考想要獲得的回報去協商出妥協方案。當你不好意思直白地拒絕對方時，這個方法尤其有用，舉個例子，你可以說：「如果你寫介紹文字，我可以在今天做完分析。」也可以說：「如果你能容忍數字上的一些小差錯，我可以在今天做完分析。」要求對方在付出與準確度之間做出妥協也不失為好辦法。「我可以在今天給你這麼多東西，但想完成你的全部要求需要二十個小時。這對你真的那麼重要嗎？」重點在於擺脫隨口就同意對方要求的習慣。

拒絕練習：想想上一次為了滿足別人的要求、做超出自己日常工作範圍的事情導致加班是什麼時候的事。事後反思，你可以向自己提出以下問題：

- 目前你的努力，對要求你完成任務的人或整體事業的成功必不可少嗎？如果是必要的，想想另一個例子。如果不重要，進入下一個問題。
- 你的貢獻中，真正具有重要意義的是哪些？
- 對方提出要求時，你可以提出什麼問題，確保自己把精力投入到最重要的事情上？
- 面對對方的要求，你可以提出什麼協商方案？
- 你可以要求對方提供什麼，做為滿足他們要求的回報？

對過去的案例分析得越細緻深入，在未來遇到類似情況時，你就越能做好準備。

從做出正確決定，變為依靠良好的判斷前進

對你來說，準確性是否比創造推動力更有價值？

你是否傾向於獲得全部資訊後再做出決定？

你做決定的速度是否遲緩？

因為辦公室政治因素而做出不夠理想的決定時，你是否會生氣？

如果皆為肯定回答，你就需要學會依靠良好的判斷繼續前進。

與被要求得出「正確」答案的專家不同，整合者應該問的問題是：「這值得我付出時間嗎？我們還能投入多少精力？再多一小時或一週，會對我們接下來的工作造成什麼影響？」你應當多試驗，從試驗中得出經驗，還要根據實際情況做出調整，以此幫助自己走上正確的方向，而不會坐等全面詳盡的分析。

做出良好判斷的重點，就是及時做出足夠準確的判斷，相信未來總有做出調整的機會，也相信繼續推進的過程中自己會產生新的有用觀點。做出良好判斷意味著你知道決定不完美，但能推動局面繼續發展。經濟學家、諾貝爾獎得主赫伯．賽門（Herbert Simon）稱之為「讓人滿意的結果，而非最佳結果」。如果選擇很多，你就需要適度進行分析，找到一個足夠讓人滿意的選擇之後繼續推動進展。不必擔心，你不需要找到最理想的選擇。

把成功的標準設定為公司向正確的方向前進。如果發生了什麼情況，如果人們一致行動，如果這些行動與大方向相符，那麼這就是成功。公司很容易因為過度分析或缺乏活力而陷入困境，所以你應當更多關注行動，而不是得到一個完美的決定。你需要認識到，拖延意味著錯過機會。你應當為機會而興奮，為拖延而焦慮。

如果大部分人滿意某個選擇，你就需要做出決定，未來必要時可以做出調整。如果太多人對某個選擇不滿意，你可能需要在付出更多的時間和精力後才能採取行動。你要能把握形勢變化，以此來發揮你的優勢。

有一個評估資訊品質的好辦法，就是跳出現有問題的思維框架，思考某個資訊與你在其他地方看到或聽到的內容是否相符。比如，如果一個資料表明，製造方面的某個問題並不嚴重，不必停下一切工作修改錯誤，那麼公司銷售或客服部門的觀點能否證實這個想法？檢查你的發現，對比員工、供應商或其他關係方的觀點是否一致。與團隊之外的人交流，比如其他專業或公司外部的人，尋求外部觀點通常更有幫助。

改變向自己提問的方式，這能說明你不必過於糾結細節也能做出判斷。舉個例子，如果你總是喜歡問「我們知道什麼？怎麼了解到這些資訊？」那麼其實可以換一種提問方式，比如「如果擁有更多資訊，我們會採取什麼不同作法？」

快速決定練習：暫時停止分析，根據已知資訊做出一個臨時決定，把這個決定寫在紙上，放進抽屜裡。然後按照自己的意願繼續分析，得出最終決定後，和之前的臨時決定進行對比。更多的分析發揮實質作用了嗎？更多的時間改變決定了嗎？領導者通常會發現，在早期資訊不完整的情況下做出的決定，並不會因為更多的分析而發生變動。接受這個現實能幫助你更快地做出決定。

做出小決定練習：幾乎所有目標都可以拆分成更小、更可控的小目標。美國前高台跳水國家隊成員比爾．崔索（Bill Treasurer）講述過有懼高症的他從三十公尺高台學習跳水的經歷。他和教練先從較低的高度開始，再逐漸提高跳水板的高度，循序漸進。[6]你也可以在自己面對的重大決定上採用這個辦法。最先需要做出的小決定是什麼？先做這些事：制訂一份里程碑清單，確定在做出重大決定前首先要完成的任務。你的自信也會隨著每次的決定逐漸增強。

建立推動力練習：公司和團隊準備採取下一步行動——他們在等待你的決定。思考公司和團隊在等待決定的過程中失去了什麼。他們失去了怎樣的動力？這對團隊成員的心情產生了什麼影響？你應當更關注團隊現在應該做的事。什麼樣的決定能讓他們朝富有成效的方向發展？什麼樣的決定，即便只是片面的決定，也能提振團隊的士氣？什麼樣的決定能帶來新的資訊？

向前推進的凱倫

凱倫意識到，她必須做出改變，首先要改變的就是自己的工作方式以及對團隊工作的安排。清單上的第一條，就是回頭去做她會做的事：為自己的工作設定優先順序。

「坦白說，我在行程表上看到秘書幫我安排了連續會議，從早上八點一直到晚上六點，」凱倫對我說，「我總是提前參加一個會議，但又在下一個會議遲到。這並不是因為我的秘書不稱職。其他部門的高階管理人員堅持要求儘快開會，而我完全失去了機會，沒辦法靜下心來整理思路，形成有條理的意見。」

在團隊完成更多工作之前，凱倫首先需要確定哪些工作只有自己能做。她對需要後續追蹤的工作、行動事項以及正在進行的活動進行了規畫管理。這樣一來，她不再把有限的精力浪費在記憶下一步需要做什麼事情上。透過良好的規畫，她解放了自己，減少了壓力。每次開會時，隨手記錄需要後續追蹤的事項，也讓她更輕鬆了，可以很快轉換到下一個會議的議題。

凱倫特意與每個直屬部下面談，為每個人制訂不同的發展議程，確立了全新的工作方式。凱倫重新確定每個人需要向她彙報哪些工作進展。她堅持要求團隊成員向她簡單彙報要點，而不是把長篇的報告留給她審閱。這個改變也訓練了團隊成員，使他們能夠更加簡明扼要地與高階管理人員交流。

為了提高團隊的自主能力，凱倫讓團隊成員在工作上兩兩一組。這樣一來，搭檔可以審查彼此的工作，在查找錯誤的同時也能提升商業影響力。

凱倫不再獨自參加會議，至少不再獨自參加重要會議。每次開會，她都會帶上一個團隊成員。團隊成員因此了解到更為廣泛的意見，並將新的資訊帶回團隊，更有效地追蹤解決問題，節省了凱倫更多的時間。

隨著團隊成員彼此間的互助更有成效，凱倫開始將注意力更多地投入到同事及個人人脈上。顯然，她需要吸收來自更多角度的觀點，特別是監管領域的工作。要想提出更有見解的建議，她就必須擴大人脈，而富有見解的建議正是她升職的重要原因。她詢問導師哪些人可能有監管工作經驗，並且找到不同部門經常面對監管問題的同事，透過這些方式，凱倫列出了一份人脈發展名單。接下來，她又聯繫了其他公司的同儕，讓他們介紹她與其他公司中擔任相似職務的人結識。

這一章及前一章中提到的所有問題，不管是認可自己的無形價值、創造影響力、接受模稜兩可的狀態，還是依靠良好的判斷繼續前進，這些都屬於長期挑戰。因應這些挑戰，你需要長時間不斷反思，需要付出大量的努力。不過，這也證明了整合角色的複雜性，要知道，這些轉變儘管要求極高也極為重要，但仍然不是故事的全部。

可能你擁有極大的影響力，可能無論局面如何混亂也要泰然處之，甚至擁有極為出色的判斷力，但你仍有可能無法讓員工產生信任感和受到重視的感覺。要想成為S型領導者，你不僅需要改變看待工作的方式，還要改變與團隊及同事的互動方式。這就是下一章關注的重點。

第七章
如何與人互動

卡爾是一家生物科技公司的全能型領導者。對於這家急速發展的公司來說，卡爾是一個重要的資產：他既是精通神經科學的研究人員，又是公司藥物開發領域的核心人物之一。

卡爾還是一位才華出眾的經理人。他具有戰略眼光，能夠迅速轉變工作重心，也擁有出色的判斷力。他能充分調動整個團隊，不僅可以和團隊成員討論技術問題、商討各種選擇，而且能給出好的回饋意見，可以指導他人，在他的人脈網絡中互相介紹朋友，還能幫助團隊成員管理各自的職業生涯。

卡爾在公司外部也廣受尊重。他在相關行業已經工作了幾十年，認識絕大多數行業前輩，但他同樣與後起之秀保持聯繫，同時不斷跟進行業的最新發展。卡爾喜歡參加科技展，也喜歡商業活動中探討技術問題的環節。卡爾擁有出色的演說能力，他的簡報用優美的表格與配圖展現他的見解，同事經常借用他的簡報。

卡爾在這些技術社群「找到了家的感覺」。面對擁有同樣世界觀的人——從分析、科學角度看待問題——卡爾展現了出色的互動能力，他的研發同事和同領域其他人都理解他、尊重他。

憑藉廣博的人脈，卡爾可以向公司高層報告新的科學發現和新興創業公司的消息。卡爾還有財務分析能力，他一向以自己了解如何進行收購、如何確立協議框架而自豪，有時也能在財務方面提出好建議。他會挑選研究方向具有潛力但股價被看低的公司，在這些公司的股價仍然處於低檔時提出收購方案。

公司團隊聽取他的建議並考慮後，卻一而再再而三地選擇等待。有幾次，公司確實在日後收購了卡爾推薦的公司，證明了他的預測是正確的，但都是在其股價翻了數倍後才出手。

可以想像，這種行為模式讓卡爾感到沮喪。然而，高層團隊就是不願意在卡爾建議後迅速採取行動。這是為什麼？

根源就在於卡爾的互動方式。

假如你是研發部門的員工，你大概會很推崇卡爾。卡爾理解研發人員和技術人員，能夠成為這些人的優秀搭檔。他擁有廣泛的專業能力，且思維敏銳。此外，卡爾在科學界的人脈也為他的團隊帶來了大量機會。卡爾工作認真，而且願意付出時間，他只想讓公司變得更好。

不過，卡爾的交流從不帶感情，他似乎覺得這很尷尬。他並非冷漠，只是覺得商業交流中不該帶有個人情緒。因為這個原因，卡爾在表達公司發展方向的觀點時，總是力圖理性，避免觸及他人包括自己的情感，這導致他錯失了以激勵、鼓舞他人的方式進行領導的機會。

卡爾在總公司辦公室以外的地方工作也無用武之地，他寧可多留在自己喜歡的科學圈裡。儘管這種方式對公司有很多好處，但對卡爾擴大影響力卻絲毫沒有助益。他不喜歡那種可以建立信任關係的閒聊。此外，卡爾在重大決策中也不會主動尋求潛在盟友的支持，他幾乎不會動用個人關係和外交手段去影響結果，也不願意花時間在科學圈外建構廣泛的人脈。

執行長也和卡爾談過這些問題。但卡爾認為出色地工作是激勵他人的唯一方法，卡爾還會以公司中受他激勵的眾多專家為例，證明自己的觀點。

S型領導者的頂點

為參加一次收購研討會做準備時，卡爾對交易標的的財務狀況、市場影響以及未來三年的收益預期進行詳細分析。他完全靠自己完成這些工作。當卡爾向高層提出自己的想法時，財務部門主管勃然大怒。在卡爾的報告中，財務主管沒有得到任何機會去提出自身想法或者認可結論，更糟糕的是，他對卡爾的分析和建議感到意外。

隨著討論不斷深入，高層團隊與卡爾因為他的結論和建議產生了爭論。卡爾反覆提及他整理出來的事實以及他的分析邏輯，完全忽視越來越緊張的氣氛，也因此忽略了對方產生負面反應的原因。對方認為卡爾不相信他們的能力，才會繞過他們獨立進行分析。卡爾無法接受對方的質疑，他不再冷靜。在卡爾的眼中，高層是如此愚蠢，所以沒有能力去理解對他來說再合理不過的事。

會議場面變得非常難堪。不過，由此就得出「卡爾到了能力極限，因此應該被辭退」

的結論顯然也是不對的。其實在與高層團隊互動的問題上，卡爾需要做的只是成為S型領導者。

卡爾已經擁有很多重要的能力，但在職業生涯的這個階段，他需要從相信自己轉變為信任更為廣泛的人們；從依靠理性的討論變為依靠人際關係和外交手段解決問題並影響結果；需要把針對事實對話轉為包含情緒交流。他需要發掘自己在日常工作中的領導氣場，且學會用鼓舞、激勵的方式領導他人。

和前面的章節一樣，試著把自己想像成卡爾，我會和你一起面對這些挑戰。

從相信自己，變為信任更廣泛的人們

你是否無法相信其他人能正確地完成工作？

你是否只相信團隊中知識和自己一樣豐富，或者工作方式和自己相同的人？

如果你是專家主導環境下的領導者，你當然可以信任自己的判斷，信任曾經優秀地完成工作的其他人。你相信那些能在工作中拿出和你同等精準度和深度的人，也相信和自己擁有相同思維方式的人。你不會輕易相信那些標準或思維方式與自己不同的人。

在整合環境下，信任廣泛人們便成為一種強制性的要求。你需要相信其他部門能在各自的專業領域交出優質的工作。這是一個由人際關係驅動的世界，你要明白，工作就是通過人際關係完成的。

一般來說，只要稍微多一分信任，人際關係就能變得更好。我經常看到同事之間以及上司／下屬之間的關係得到改善，就是因為其中一方認可對方的特定價值，認為對方有值得信任之處。記住，在S型領導者的世界中，信任並非黑白分明，也非靜止不變。隨著眾多因素變化，你對一個人的信任程度會出現增強或倒退。

提高尊重練習：對於同僚，尤其是帶給你最多挑戰的人，至少列出一個你欣賞他們的地方。你尊重他們的什麼能力？即便對方只有一個值得尊重的地方，那也足夠以此為基礎建立信任關係。

所有資深領導者都知道信任的重要性，但很少有人專門研究哪些因素使得一種環境更能催生信任關係，也很少有人願意花時間研究兩個人決定信任彼此的真正原因。為了更深入地研究這個問題，我會探討三個副題：理解信任他人的原因、弱點的作用，以及營造信任氛圍。

理解信任他人的原因

如何提高信任程度呢？重要的是了解為什麼選擇相信周圍的人。以下七種因素將影響你是否會提高對我及其他任何人的信任程度。

一、**架構**：即便你不相信我這個人，你也會相信我身邊的組織流程與架構。比如，如果你相信財務報告流程，那你就該相信我的報告中的數字。或者說，如果公司獎勵機制的目的不是挑起你我之間的矛盾，而是確保我們共同成功，那你就可以更容易相信我的動機。

二、**專業能力**：你相信我的專業能力，如果提出屬於我的專業領域的問題，你就能得到準確的答案。

三、**名聲**：你相信我的名聲。關於我，你聽到的大部分都是正面評價，你相信這些評價都是真的。值得一提的是，人際關係也是我擁有良好名聲的原因之一。

四、透過第三方：你非常信任的一個人也很相信我。

五、經驗：你相信我，因為你見過我在壓力下的狀態，了解我的工作和思維方式。

六、個性與共同點：不論是否有證據支持這樣的信任，個性上的共同點越多，你就越有可能相信我。共同點越多，見面後我們越能迅速建立聯繫，相處感覺舒適自在。舉個例子，假設你第一次和我見面，聊了五分鐘，發現和我交流很舒服、很輕鬆，我讓你喜歡上我們之間的互動，而且你我畢業於同一所學校，我們分別講起自己念書時的故事，你更有可能相信我，而不會相信無法建立感情聯繫的人。《受信任的顧問》（*The Trusted Advisor*，暫譯）一書的作者、諮商師查爾斯．格林（Charles H. Green）將此描述為創造親密感，他認為這是信任的主要驅動力。[1]

七、你的感受：以心理學家威廉．舒茨（William Schutz）的研究為基礎，諮商師李奧納德．鮑威爾（Leonard Powell）總結出，如果一個人感覺不到自己具有一定程度的重要性、能力和受歡迎度，他對外界的信任就會降低。[2]如果你覺得自己受到重視和尊重，覺得自己的能力得到認可和充分利用，認為自己受到其他人的喜愛，是團隊的一分子，你就更願意信任我。

提高信任等級練習：挑選一個你希望更加信任的人。從上述七個因素出發，評估自身在每個要素的狀態，選出一個看來可行的層面，試著尋找能夠增強信任的資訊。比如，如果你想透過架構增加信任，那就問自己哪些架構能讓你更信任對方；如果想透過專業能力增加信任，那就去思考對方做過或學過什麼；如果想透過個性增加信任，那就想辦法多了解對方。

評估上述七個因素，制訂提高自己對他人信任的計畫時，你也能幫助其他人提高他們對你的信任。問自己能為對方做什麼，或者展示什麼以增進對方的信任。需要注意的是，某些因素可能只能略微刺激信任度提高，而其他因素可能具有更大的刺激作用。

當你覺得在一定程度上信任我時，你會在我的行動中尋找值得信任的信號，我把這些稱為信任指標。下面列出的指標中，前三項普遍通用，如果我不說實話、前後不一致或不公平，你就不太可能相信我。除了這些指標，還有很多指標能夠說明我的可信度，而每個人重視的指標各不相同。在一些人看來，信任別人意味著分享個人資訊，並且知道對方會保守這些資訊的祕密。對另一部分人來說，信任別人意味著擁有共同的價值觀。如果忽視被其他人重視的事物，你就會傷害對方的信任。

是否信任一個人，我整理以下指標：

- **誠實：**即便真相讓人難以接受，也會說真話、做誠實的人。
- **前後一致：**行為可以預測，言出必行。
- **公平：**公平、透明地對待每一個人。
- **價值導向：**分享價值觀和目標，做決定時表述並運用這些價值觀。
- **可靠：**既有專業能力也有經驗。
- **分享個人資訊：**熱情地分享自身感受和經歷，也願意分享錯誤、懷疑和擔憂。
- **忠誠：**表現出對公司及某個人的忠心。
- **接受他人：**容忍、支持不同的行事風格與觀點。
- **包容：**接受其他人的觀點，決策時考慮他人的意見。
- **感激：**願意認可並讚賞其他人的貢獻。
- **開放：**願意探索新想法、新觀點，嘗試新體驗。
- **良好人際網絡：**擁有高品質的人際關係，其他人能夠展現出他們的信任。
- **信任我：**相信我的觀點，讓我用自己的方式做事。

信任指標練習：和前一個練習一樣，你可以利用這些指標幫助自己提升對他人的信任。確定三個對你來說最為重要的指標，以此為標準確定你對某個人的感受。接著問自己，這個人做什麼才能改變你的看法，再來思考自己做什麼才能改變對這個人的看法。與這個人進行交流。

舉個例子，假設你最看重的三個指標之一是「公平」。你可能已經形成了對方不夠公平的看法。這個看法的根源究竟是現實還是傳言？是否存在其他情況可能影響這個人的選擇？這個人做什麼你會認為是公平的？你能要求對方做什麼，讓他表現得更公平？或者說，假如你看重的是「感激」這個指標，你可以記錄對方表達感激的次數。討論你最重視什麼，要求對方採取行動，改善你在這方面的印象。

為提高對方對你的信任，確定他最重視的指標，你可以直接與對方交流，也可以和熟知對方的其他人交流，以此了解相關資訊，思考自己做什麼才能提高對方在相關指標上對自己的信任程度。比如，如果對方重視可靠或前後言行一致，你如何展現自己的這些特質？如果你夠大膽，可以直接和對方交流，詢問對方自己該做些什麼才能增加他們的信任。

弱點的作用

在組織生活中，弱點是個了不得的說法。我並不是說要披露自己埋藏最深的祕密，或者公開自己最大的恐懼。相反地，公司語境下的「弱點」程度較輕，因情況而定。此外，弱點必須由自信來平衡，比如，承認自己不善於公開演講並不會帶來多大風險。如果承認這個弱點，同時就要在優勢領域擁有強大的自信，這就形成了良好平衡。

我相信，大家評價一個人可靠與否，標準就是他們展現出的弱點與自信的平衡。如果在我眼裡，你是個真實且有適度弱點的人，我就有可能更相信你。大衛．梅斯特（David Maister）、查爾斯．格林和羅伯特．加爾福特（Robert Galford）在《受信任的顧問》（*The Trusted Advisor*，暫譯）一書中也得出了相似的結論，他們表示，一個人的可信度基於以下公式：

可信度＝（可靠度＋可依賴度＋親密度）／自我定位

此外，他們的研究還表明，親密度是可信度中最為重要的個體因素。親密度意味著承受一定的風險，並坦露內心。比如，做一些能為對方增加價值的小事，這是承受小風險。為增加信任，你需要承受小風險，看對方是否做出回報。

展示親密度或弱點的一個方法，就是在沒有確鑿證據時仍然信任某人。如果不表現出信任，對方也很難信任你。我經常說，信任不是爭取的而是給予的。如果你相信我，我就有可能報以信任。這樣一來，我們兩人之間的信任程度就能不斷提高。

弱點練習：你希望提高自己在某個人心中的可信度嗎？反思和這個人分享過自己的什麼資訊。這個人對你有多少了解？你是否向他承認過自己的弱點、局限或犯過的錯誤？你是否表明自知不夠完美？面對這個人時，你是否做過小小的冒險？想出一件自己能夠坦然披露或承認的事情，向對方坦白，注意對方的反應。他是否做出了回應？如果你對一個人缺乏信任，思考自己對這個人究竟有多少了解。想辦法開啟一段溫和的對話。你很有可能發現，透露一件有關自己的小事，或者冒點風險為這個人做些小事，是開啟交流的最佳方式。

營造信任氛圍

儘管不能控制別人的感受，你卻能控制自己，為其他人營造一種更受重視、自己更有能力且更受人喜歡的氛圍。這三種要素能夠創造出一種更有可能讓其他人產生信任感的文化環境。

營造信任氛圍練習：為了讓團隊中的每個人感覺自己受到了更多重視、自身能力更強或贏得了別人更多的喜愛，你能做些什麼？為每個人做一件事，這個方法也要用在同事和合作者身上。

從依靠理性的討論，變為依靠人際關係和外交手段解決問題並影響結果

出現意見分歧時，你主要關注的是事實嗎？你會只從事實和細節出發為分歧尋找合乎邏輯的解答，而不考慮其他人的反應嗎？

即便有證據表明自己做出了正確的選擇，你仍然難以推進專案向前發展嗎？

你是否發現自己需要越來越深入的分析，才能證明自己正確？

你對同事及利害關係人的了解是否仍不夠深入（不了解他們的偏見、希望、愛好及優點）？

你是否會在不注意言詞影響的情況下說出自己想說的話？

做為專家型領導者，你藉由理性及邏輯來展現事實，以解決問題並對結果產生影響。掌握更多事實、分析及邏輯的人通常會勝出，至少我們是這麼認為的。簡報或資料表做得越好，效果就越好。提出合理的論點、提供強大的證據支持、宣傳自己的觀點與過往經歷，你可以透過這些方式贏得其他人的支援。你得到的建議都必須徹底遮蓋感情。理性就是一切。

成為整合者後，人際關係和外交手段就成為更有影響力的驅動因素。爭取其他人的支持，你依靠的是廣博的人脈。因為你能把所有人團結在一起，因為人們了解你、喜歡和你一起工作，因為你能激勵鼓舞他人，也因為你知道如何與不同的人交流、激勵他們發揮最大潛力。這些都是外交手段。

想讓其他人按照你的意願行動，你會遇到很多障礙。其中半數障礙集中於你和對方的關係：他們對你的信任程度有多高，他們有多喜歡你，以及他們眼中你的形象。其他障礙在於他人對你提出的解決方案的態度：方法與他們的信念是否相符，你的溝通方式能否得到他們的理解，方法是否符合他們的利益等等。因此，移除障礙的關鍵在於兩個重要活動：第一，建構牢固的人際關係，尋找共同點；第二，理解其他人的想法、要求和感受。與他人建立聯繫，理解他們的表達方式，你在這裡絕不是白白浪費時間。我在第六章中討論了成為連結者的重要意義。除此之外，大家還能找到很多建立人際關係的方法：學會他人的表達方式、培養靈活度、建立同盟、小恩小惠，以及利用外交手段解決分歧。這些方法均涉及與更廣泛的人們建立聯繫，並了解他們的想法。

學會他人的表達方式

你的影響力一定程度上取決於你使用的語言。如果你想影響一個重視數據的人，你需要用數字展現你的觀點；如果對方更重視想法，你需要展現的就是整體概念；如果一個人希望自己的專業能力得到認可，與他合作時就要肯定他們的工作成績。讓對方進入心理舒適區，以此提高你的影響力。

理解表達方式練習：確定你想用某個觀點影響的具體對象。動用人脈、社交媒體及內部關係了解與這些人合作的最有效方式。

- 建立聯繫的最佳方式是什麼？打電話、發電子郵件、還是約見面？

- 他們採用什麼樣的表達方式描述問題和機會？
- 他們有什麼樣的風格？喜歡如何工作？他們對結構性的工作更有興趣，還是對概念性或全新解決方案更有興趣？
- 做什麼事會讓他們感到興奮或激動？
- 他們的個人興趣是什麼？你們之間有什麼共同點？
- 他們有什麼計畫？你的計畫能否與他們達成一致？

試著用對方喜歡的表達方式重新表述你的想法。先和好友練習，以便日後能更加自然地表達出來。從自己信任的人那裡獲得回饋，以便了解你構思的點子是否夠好。

培養靈活度

加強對自身現有風格和喜好的認識。比如，你可能偏向用邏輯、分析和理性的說法直白地反駁不同意見，即便對話氣氛變得緊張你也不會在意。這當然是解決意見分歧的一種方式，但絕不是唯一的方式。為了培養靈活度，你需要思考自己經常使用的方法，再尋找採用不同方法的其他人，了解他們的因應方法。研究其他人採用的不同方法後，你會有一種大開眼界的感覺。透過這種方式，你會逐漸發現多種多樣的工作風格。接下來，你需要練習不同的方法，直到形成習慣。

改變風格練習：要改變風格，首先你需要了解自己與其他人的風格差別，有很多評估工具可以幫助你了解不同風格間相對明顯的區別。我經常使用以下清單說明工作方法的差別。不管處於清單的哪一邊，你需要尋找處於清單另一邊的人，以了解如何調整自己的工作方式、適應對方的需求。你可以試著用對方的風格進行交流，不要執著於自己的風格。

細節導向型	大局導向型
內向——發言前需要有時間思考，先轉向內心來獲得能量	**外向**——透過交流了解對方的想法，喜歡主動出擊
廣納——涵蓋很多人	**選擇**——選擇包含對象時非常挑剔
開放——偏向公開分享	**保留**——偏向不分享大量細節

結構性——偏向系統化、有秩序的工作方式	**開放式**——偏向探索，觀察發展過程中出現的情況
分析型、批判型——討論時很有邏輯，會隨時挑戰其他人的觀點	**對其他人的反應敏感**——討論時小心謹慎，盡量挑選不會冒犯他人的說法
控制、決定——偏向掌控全局、做決定	**讓其他人決定**——偏向讓其他人為自己做出決定
違反規則——視規則為指導原則，會挑戰規則	**遵守規則**——視規則為絕對界限，很少挑戰規則

建立同盟

過去，為了在提案前先獲得支持，人們會召開「開會前的會議」，尋求盟友。同盟小組中的成員承諾通力合作，至少在特定問題上互相支持。

在倫敦的一家咖啡店裡，我曾無意間聽到三名經理人的討論，他們在研究如何對付一個難纏的同事。其中一人問：「我們都百分之百同意這麼做，對嗎？」這三人非常仔細地確定了各自要說的話。這就是結盟，而且根據他們的語調，這對他們在公司未來的發展具有重大影響。我經常見到這樣的行為：一小組人圍繞特定活動結成強力聯盟，小團體中的所有人團結一致。

更多時候，結盟其實是加入與自己世界觀相同或至少擁有共同目標的人，這樣自己的計畫（以及對方的計畫）才能獲得向前發展的動力。你可以在會議中部署盟友，讓其他人表達你的觀點或擔憂。在平均十到十二人的會議中，強力結合的三個人就能改變會議走勢。

記住，你無須獨自參加會議。帶其他人共同與會，有時能擴大你的影響力。比如，我的一個客戶意識到自己難以說服財務長，於是他帶上一個財務能力更為優秀的同事。他說：「我同事在這方面比我更強，他讓我看起來更聰明。」以這樣的同事為盟友，有助於他說服財務長。

也許看起來不明顯，但腦力激盪卻是建立盟友的好方法。詢問各方意見，認真傾聽並吸收合理部分，這等於各方一起創造了同盟。各方也更能接受最終結果，因為其中包含了他們重視的東西，他們貢獻了其中的部分理念。一般來說，這樣的最終結果也能讓人們更好、更充分地理解問題和各種選擇。

建立同盟練習：針對目前正在進行的工作，列出對結果有興趣的人員名單，確定他們對你的想法存有積極還是消極的態度。對於持積極或中立態度的人，他們對你的工作的主要興趣和擔憂是什麼？從關係最親密、你最信任的人開始，徵求他們的觀點和建議。認真聽取並吸收他們的建議，這既能幫助你完善計畫，又能讓你獲得他們的支持。獲得這部分人的支援後，制訂策略，爭取下一組人的支持。如何面對不同的人？你需要詢問他們的觀點和建議嗎？需要腦力激盪解決方案嗎？需要單獨和每個人交流，還是要帶上其他人一起交流？如何調整自己的計畫，以將他們關心和有興趣的事融入其中，又不會在核心理念上做出過多妥協？與你合作，他們希望得到什麼回報？

小恩小惠

所有人際關係均建立在社會交換原則上：如果我為你做了什麼，你往往給予同等的回報。工作環境中的祕訣，就是做一些微小、有幫助的小事，比如，發送一些有用的資訊給同事，從而鼓勵對方也向你表達善意。隨著時間推移，這些善意也會逐漸積累。我經常聽到資深領導者談論如何建構人際關係，他們透過分享資訊、鼓勵，讓同事贏得爭論及建立感情聯繫等形式，最終獲得了更大的影響力。

小恩小惠練習：列出五名自己有意影響的同事。除名字外，列出每個人關心的事和有興趣的事。再列出自己能做的、有助於對方的小事，採取相應的行動。

利用外交手段解決分歧

一般來說，當你試圖影響一個結果時，你總會和希望獲得不同結果的人產生糾紛、分歧，甚至雙方關係會變得緊張。專家型領導者可以透過挖掘事實，用邏輯和理性解決分歧。然而，在人際關係和外交手段方面占優勢的整合領域，只有邏輯和分析就不夠了。在這個世界裡，你需要更多的工具。

將自己的信念、誰或什麼是否正確的想法放在一邊，關注於什麼才是真正可行，什麼能說服最多的人，做什麼能推動局勢繼續發展。最重要的是，了解其他人的立場究竟是什麼，以及他們為什麼會有這樣的立場。即便對方的觀點不正確，他們的錯誤背後也許有著正確的理由。如果有意影響結果，你的任務就是徹底理解對方的理由。

解決分歧練習：陷入矛盾分歧時，遵循以下步驟：

- 不要跟隨本能按照直覺反應查找事實，並與其他人爭論。

- 從學會了解其他人的觀點開始。詢問對方的意見，了解他們的看法以及背後的原因。態度友善，保持好奇心。
- 留意其他人的情緒。情緒通常是問題的核心根源之一，因此，理解情緒化的反應也有助於理解問題或局面。做好心理準備，你可能需要談論自己的情緒，並詢問對方的感受。
- 留意對方的防禦性反應（關於防禦性反應可參考後文第200頁）。
- 藉由重新敘述你所知的資訊，表明自己發自真心地理解對方。總結關鍵要點，整理你了解到的資訊。
- 推動雙方朝共同可接受的解決方案前進，或者邁向共同可接受的下一步。

利用人際關係影響他人，這需要高度的靈活和極強的適應能力。這並不是說你必須改變自己，或改變自己想要傳達的核心資訊，這只意味著改變表達內容或表達方式。固執地只用一種方法做事，僵化死板，是效率的大敵，這樣只會毀掉合作、創新、投入與影響力。

從針對事實對話，變為包含情緒交流

掌握事實和資料時你是否最有信心？

你是否總是要求證據和數據？你是否嘗試忽視其他人表達的情緒？

當情緒淩駕於合乎邏輯的事實討論時，你是否感到沮喪？

你是否會忽視或屏棄自己的情緒反應？

總的來說，專家型領導者會嘗試避免情緒，他們偏向關注數據和扎實的過往經驗。他們接受的訓練就是任何環境下都要「去除情緒」。在專家型領導者眼中，情緒對決策會產生負面影響。

然而，人類在決策和判斷時根本無法排除情緒的影響。事後，人們往往又會用邏輯為自己的決定做出解釋。數不清的實驗證實了上述思維流程。諾貝爾獎得主丹尼爾・康納曼（Daniel Kahneman）和其搭檔阿莫斯・特沃斯基（Amos Tversky）及眾多科學家均證明，即便人們知道實驗者在做什麼，即便某個決定接受過大量的邏輯訓練，人們的決定仍然與邏輯和事實無關。丹尼爾・賈德納（Daniel Gardner）的《恐懼的科學》（*The*

Science of Fear，暫譯）考察了數百項實驗，展示了恐懼如何驅動我們的行為和信仰。情緒無法消除，也無法規避，而且確實會影響我們的判斷。

那麼一個領導者，究竟會怎麼做？

首先你要認識到，情緒能夠攜帶與事實和數據同樣多的資訊。情緒本身就是另一種形式的資訊。實際上，從說服、影響和信服這些角度出發，情緒也許比其他「事實」承載了更多資訊。一旦接受情緒有其意義，你就可以學會將情緒容納進自己的交流對話。

你需要先理解自己和其他人的基本情緒，隨後學會管理情緒，這包括認識到防禦行為、獲取平復情緒反應的方法及談論情緒。

理解基本情緒

大多數人認為自己擁有很多不一樣的情緒，但科學研究卻表明，人類只有少量基本情緒。儘管研究者對最基本的情緒分類存在分歧，但我認為以下幾種情緒在工作環境中最有用：憤怒、厭惡、恐懼、悲傷、意外和快樂。舉個例子，也許我會因工作進展停滯不前而感到沮喪，但這裡的基本情緒卻是我對工作沒有如期推進感到憤怒；或者我產生了一絲恐懼，因為這會讓我在經理面前難堪；我也有可能感到悲傷，因為我沒能為團隊提供最大的幫助。弄清楚基本情緒，可以幫助你確定真正的感受。

基本情緒練習：當你對未來感到沮喪、失望、幻滅，或者感受到其他負面情緒時，需要從上述基本情緒中找出最能描述自己核心感受的情緒。接著問自己，每個基本情緒的根源究竟是什麼。在日記中寫下這些內容，追蹤自己感受到的情緒，以及何時感受到這些情緒。尋找其中的模式，注意觸發這些情緒的原因。

管理情緒

我們的目標是在忽視所有情緒和過於情緒化之間尋找中間地帶。人類是感情動物，如果想讓一個人最大限度地發揮潛力——創新、承諾、保持熱情——情緒必須是其中一部分的方法。學會在控制下表達情緒，會有更好的參與。當你的情緒不受控制或沒完沒了時，就會過於情緒化。我相信，你只需要一句話就能表達自己的任何情緒。

想要有效表達情緒，第一步就是要注意到情緒的存在，第二步是理解真正的情緒，第三步是學會有意識地做出回應，第四步則是長期計畫，你需要了解觸發不同情緒的原因，以此為未來做好準備。

讓我們用一個例子說明上述步驟。塞繆爾很挫敗，因為一個專案沒完沒了地開會，時間都被浪費了。在他看來，那些全是重複的討論，除了繞圈子，沒有任何作用。如果觀察塞繆爾，你會發現他明顯心不在焉，有時對其他人還有敵意。一個同事對專案做出評價，塞繆爾認為這個評價既不正確，也對團隊不公平。塞繆爾想到什麼就說什麼，因為他沒能管理好情緒，所以他的話聽起來具有攻擊性。

塞繆爾真正的感受是什麼？在這個案例中，塞繆爾真正感覺到的不是沮喪和憤怒，而是恐懼。他之前經手的兩個重大專案皆以失敗收場，而這兩個項目本該是他升遷的跳板。然而，整個團隊的工作不僅超出了預算，而且所有問題都無法達成共識。塞繆爾害怕重複這樣的經歷。當然，參加會議的人完全不了解他的真實感受。他們只看到塞繆爾發脾氣，而且各自情緒化地解讀這件事。

理想狀態下，塞繆爾應當注意到自己的恐懼及其原因，同時知道出現這種恐懼心理時，他的反應很有可能過於激烈。他需要採用一種策略，將過去專案中的情緒與現在的會議區隔開來。這樣一來，一旦在開口說話前感受到這種情緒，他就能深吸一口氣，暫停，再提出問題。這種簡單的策略既能讓他理解其他人的觀點，也能留出時間讓他的身體反應逐漸消散。

情緒管理練習：確定一個你極為關心結果的艱難局面。如果不關心結果，你就不會產生太多需要管理的情緒。一般來說，情緒化的局面通常與你眼中「難纏的人」（至少你認為對方難纏）有關。

- 你有什麼感受？標記每種情緒，一定要落到基本情緒上。寫下自己的感受。
- 什麼事情觸發了這些感受？你在過去什麼情況下產生過類似情緒？想辦法將對當下局面的感受與對過去事件的感受分割，寫下自己對這些問題的看法。
- 其他人可能產生什麼樣的感受？你不知道具體答案，但你可以猜測，日後再證明這些猜測是否正確。
- 腦力激盪。最好和朋友一起，想出十二到十五個可行方案。[3] 不要試圖證明某個方案是好是壞，不要排除過去嘗試過的方案。重要的是盡可能想出更多方案，超過十二個方案會有意想不到的效果。你可能需要一個朋友才能想出更多的創意。
- 有意識地選擇下一步行動計畫。
- 現在，再來關注自己的感受。

身體反應練習：注意自己身體的感受，你通常會在特定位置感受到不同的情緒。比如，憤怒對有些人就是橫膈膜附近的燃燒感。在說出可能後悔的話之前，學會立刻注意自身感受可以讓你適時暫停，用既定策略因應情緒，進而更有效地控制情緒。

日記練習：用日記記錄情緒反應。寫下自己在會議或對話後的感受。不必修改，無須句句完整，也不需要連貫的思維，重要的是把所有的情緒和想法變為書面記錄。一天後（或一週後），重溫自己寫下的內容。你的情緒觸發點是什麼？是什麼導致出現那些情緒反應？為什麼某個行為、話語或環境導致你出現那樣的情緒反應？你的情緒反應究竟針對的是什麼？

識別防禦機制

吉姆跳出舒適圈，承擔了一個全新的領導角色。目前他尚未跟上團隊的工作節奏，還不熟悉工作流程或關鍵議題。吉姆最先的一個決定，涉及改變彙報的形式，當團隊中一個年齡較大的成員質疑這個決定的必要性時，吉姆對他大發脾氣，鬧得所有人都不愉快。吉姆相信，打斷下屬的討論是正確選擇。他列出事實佐證自己的選擇，認為團隊成員只是抗拒改變，不願承認他的權威。

出現負面情緒反應時，我們會出現防禦心理，也很難理性思考，這種情況下很難與其他人進行建設性、有意義的對話。

想成為高效的整合領導者，你需要學會控制自己的防禦行為。防禦行為有很多表現形式，比如指責他人、心不在焉，或者揪住細節不停地爭論。

吉姆出現了兩種形式的防禦行為：針對什麼是事實，他產生了防禦心理；他將注意力，也就是指責，指向了其他人。

以下例子都是常見的防禦行為。你最有可能出現其中哪些行為？

- 對事實和細節提出質疑
- 自己說的才是對的，並得做出最後結論，或者說「沒錯，但是……」這類話
- 解釋或為自己的行為辯護
- 抗拒或不重視回饋意見
- 退出群體
- 冷嘲熱諷或憤世嫉俗
- 過於友善

- 攻擊或嘲笑其他人或團隊
- 暴飲暴食、酗酒、瘋狂消費……
- 過度自我批評

按照心理學家威廉・舒茨的說法，當我們自覺渺小、沒能力或者沒有得到適當的關注時，我們就會形成防禦心理，做出防禦行為。[4]防禦行為能讓我們避免產生被忽視、被羞辱或者被拒絕的感覺。這是人類的正常反應，所有人都曾經做出類似舉動。為了消除自身的防禦行為，首先，你需要明確這種行為的本質——這是一種自我保護機制。其次，在出現防禦心理的瞬間停止說話，傾聽就足夠了。第三，了解觸發防禦行為的原因。最後，採取行動，阻止防禦行為擴大。[5]

吉姆在上一份工作中擁有安全感，挑戰和質疑一般都會導向具有建設性的對話交流。如果抽時間反思，吉姆就會發現，自己只是因為接手新工作的時間太短，才沒有產生能夠勝任工作以及被人看重的感覺。他過於焦慮，害怕犯錯；他害怕下屬認為他無能，擔心上司認為選錯了人。他還擔心團隊不重視他這個經理，擔心自己做不出任何貢獻。這種無法勝任工作以及不被重視的感覺，就是吉姆出現防禦行為的原因。吉姆越快理解自己的觸發點和防禦行為，就能越快讓自己的領導工作重回正軌。

防禦行為練習：為理解情緒化防禦行為，你需要陳述一個有著負面情緒、矛盾、糾紛或受到批評的局面。

- 你究竟產生了怎樣的感受？你在想什麼？把這些想法寫在紙上。
- 呈現出的防禦機制是什麼？翻看前頁的防禦行為，看看自己出現了哪些情況。補充自己認出的其他行為。
- 你想避免產生什麼感覺？
- 向自己提出以下問題，制訂一份行動計畫：哪些可能是真的？我能做什麼讓我們的關係變得更好？我做了哪些能夠提高自己能力的事情？接下來我還能做什麼？

獲取平復情緒反應的方法

如果發現自己過度情緒化，以下方法可以幫助你平復心態。

情緒激動時：

- 呼吸。從下腹緩慢、穩定地呼吸。為了平復情緒，要把注意力集中在呼氣上，不要關注吸氣。

- 切換至傾聽模式。對方為什麼會出現這種反應？他們真正想表達什麼意思？
- 提問，確保自己理解對方的真實意思。
- 注意自己的情緒，必要時按下暫停鍵，事後再反思這些情緒。

事後：

- 注意自己感受到了哪些基本情緒，了解產生這些基本情緒的原因。
- 注意這些情緒的來源，不要把責任全部歸結於自己或其他人。過去你在什麼時候有過相似的感覺？現在的情緒是因為眼下的事情還是過去的事情？什麼事觸發了這種情緒？
- 有必要的話，思考自己需要做出什麼反應（參考第 196 頁管理情緒的內容）。
- 確定下一次出現這種情緒時自己準備做什麼。你制訂了什麼因應策略？

有時間停下來思考時，以上所有方法都有效。然而，如果是在開會時發生激烈的爭執，上述方法沒一個有用。在情緒高度激動的情況下，只有少數幾個方法有用。呼吸是最簡單也是最有效的方法，因為呼吸能減少出現戰鬥—逃跑—僵持反應。靜靜地呼吸，專注於呼氣而不是吸氣；第二種方法是拖延。提問時不要針鋒相對，也可以詢問參加會議的其他人有什麼看法；最後一種方法就是暫停，想辦法理解對方的立場。如果採用這種方法，你要平靜地要求對方多談談他們的想法或感受，或提出問題，探尋對方更深層次的想法。

談論情緒

有能力識別不同的情緒後，下一步就是想辦法平靜地談論自己感受到的情緒，並詢問對方產生了什麼情緒。

我的建議是，設計一個能夠表達自身情緒的短句。多說一句，你都有可能「過於情緒化」，有可能觸發他人的防禦行為，或破壞整個交流氛圍。一個好方法是，首先表達自己的感受，再詢問對方的感受。

需要注意的是，有時為了強調某種說法，我們會說「我能看出來你很生氣」或者「我知道你很失望」這樣的話。這兩種說法都會讓對方產生被冒犯的感覺，因為你在告訴對方，他們應該產生什麼感受。實際上，你只需要問一句：「對此你有什麼感受？」

從古怪的性格被人接受，變為發掘自己的領導氣場

開會發言時，其他人是不是會心不在焉，無法聚精會神地聽你說話？

與高層管理人員的交流是否極少獲得對方的回饋？

你是否覺得用姿勢、語調和眼神接觸的方式建立存在感是很不自然的作法？

你是否缺乏自信，特別是在討論自己不熟悉的話題時？

優秀的整合領導者無論身在何處，均具有強大的存在感。他們在自信和適當的謙遜間找到了完美的平衡。他們話不多，更多的時候是在傾聽。他們總能精準地把握討論的核心。因此，其他人願意認真傾聽他們說話，記下他們說出的內容。

整合者的話語分量更重，影響力更大。我們不會在整合者身上找到經常存在於專家型領導者身上的孤僻性格。

領導氣場，或者說風範，聽起來像是與生俱來的特質，實際上卻是可以學習獲得的技能。首先，觀察具有領導氣場的人，理解其言談舉止的含義。領導氣場存在於他們的外表、姿態以及語調中。看過數以千計的影片後，我找到了領導氣場的七個核心元素。

- 發出的訊息簡明扼要，條理分明，通常配有生動的描述或引人入勝的故事。
- 透過發出為大眾設計的資訊，領導者可與群眾建立起感情聯繫；領導者認可群眾的思維，還能表現出合適的情緒。
- 領導者做好了心理準備，對自己知道或不知道的內容有著充分的自信。
- 展現出自信的身體語言：不會焦躁不安地抓衣服、頭髮、手掌或其他物體。有恰當的眼神接觸。姿勢穩定，聲音平穩。
- 無論內心有怎樣的情緒，均展現出平靜克制且慎重的姿態。這樣的領導者不會表現出失態或失控的樣子。
- 能坦然對待分歧或爭論，回答高難度問題時不會咄咄逼人；面對其他人的回饋意見或質疑，既不會過於針鋒相對，也不會過度妥協。這樣的領導者一次解決一個問題，不會試圖同時結束所有戰役。
- 可以不受干擾地專注於一個人或一個問題。

根據以上標準為自己評分，列出需要改進的地方。經常回顧這份清單，尤其是在你將要扮演重要角色之前。

觀察領導氣場練習：使用前面的列表，觀察其他人的行為。關注資深領導者的影片，觀察他們如何自我表達，對比自己和他們，了解其中的區別，世界經濟論壇（The World Economic Forum）的網站上有很多資深領導者演講的影片。你也可以前往金融區，觀察、記錄大街上什麼人給你留下了深刻印象及原因，把這變為日常練習。以上述七種行為為標準，觀察其他人如何利用其中的行為增強影響力。用影音記錄自己的演講，找來信任的人，讓他們對你的形象做出評論。

創造簡明訊息練習：如果參加一個重要會議，思考自己想要傳達什麼資訊。人們一般只能記得你表達內容的八分之一，所以不需要說太多。明確表達你希望其他人記住的兩三個觀點，把這些觀點寫下來，並補充能夠佐證這些觀點的證據，比如有趣的小故事、事實、數據或金句，這些就是你要說的核心內容。現在，脫離這些內容，確定核心主題：你相信什麼？你堅信什麼？你的主要觀點是什麼？以這些內容為開篇進行發言。

表達討論精髓練習：參加重要會議時，如果和大多數人一樣，你會在紙上按順序記下會議內容。要想整理出討論的核心內容，你需要通讀筆記、梳理要點，但這需要大量時間。這裡有一個小技巧，你可以在記筆記之前先在紙上畫一條分隔號，在左邊留出一段空白。線的右邊正常記筆記；左邊則用於記錄討論的要點，在這裡記錄自己的想法。這能幫助你在討論過程中隨時整理思路。更重要的是，需要總結發言時，你只需要看一眼左邊欄，就能找到關鍵字。

信心練習：肢體語言非常重要，其他人可以從中看出你是否缺乏自信。而提高自信的起點在於你的心理，身體和聲音會透露你的想法。密切注意你對自己說的話。如果發現你對自己說出任何形式的「我不夠好」，需要立刻打斷自己，換一種訊息。你可以對自己說，「我付出了時間，做好了準備」；或者自我暗示，你對主題的了解不輸給任何人，你能像其他人一樣出色地完成任務。記住，所有人在嘗試新事物時都會出現「冒名頂替症候群」（Impostor Syndrome，編按：無法將成功歸因於自己的能力，並總是擔心會被識破自己其實沒有實力）。

肢體語言與信心練習：我見到的大多數肢體語言問題，都是因為緊張的習慣導致的。人們通常意識不到自己出現了象徵著緊張的習慣，比如站著或坐著時動作過多，手肘緊貼身體兩側，或者抓衣服、頭髮、袖口、戒指、筆或手機等。讓朋友幫忙記錄你的習慣，觀察會議中這些習慣的出現頻率，再審視朋友的回饋意見。察覺是改變習慣的第一步，發現自己有壞習慣時，想辦法立刻制止。

在由專家型領導者向整合者轉變的人身上，我經常看到的一個問題，就是他們安靜、矜持的天性。身為專家，人們期望你是一個深思熟慮甚至有些安靜的人，在人們的印象中，你需要時間去思考。做為專家，人們願意包容你在溝通上的不足。然而，做為整合者，疏遠、內斂、難以接近這些特點就會引發問題，其他人不會輕易相信這樣的領導者，他們會對內斂、矜持做出各種解讀，比如不喜歡某個人、不信任某個人或認為某個人能力不足。

某公司的高階主管曾經讓我和公司的一個資深女性員工合作，她對自己的私領域很保護。不管與對方關係多親密，她都只是正式地握手，而不去擁抱或親吻臉頰。她的上司認為她缺乏自信、不信任上司，而且不開心。很快我就發現，其實她非常自信，而且信任上司，生活也很快樂。問題只在於她是一個很矜持的人。她不會透露太多個人資訊，也不喜歡工作中的身體接觸。對上司做出解釋後，他們改變了對她行為的解讀，時至今日，雙方的關係依然融洽。

假如你是內斂型的人，正在向S型領導者過渡，你需要額外注意自己的風格，避免遭到錯誤解讀。找一些願意與他人分享的私人資訊，安排好日程，在辦公室四處走走，與其他員工聊上幾分鐘。任何能夠展現你開放、包容心態的行為，都能提高你與團隊合作的效率。

從因特定知識而領導，變為因能激勵他人而領導

你認為激勵其他人的因素和激勵自己的因素是一樣的嗎？
你是否認為受「大家」喜愛很好，但並不是必要的？
你是否花時間思考其他人的想法，了解其他人的動力？
你的演講是否沒能抓住人心，有時甚至無法引起他們的注意？

在專家世界中，其他人之所以追隨你，是因為你的觀點正確，他們可以從中學習，而且他們希望成為像你一樣的專家。然而，在成為整合者後，你不能再依靠觀點正確推

動其他人前進。你需要鼓舞、激勵其他人。

專家型領導者很少得到如何激勵他人的培訓，但就像領導氣場一樣，基本要點都可以透過學習獲得。

你必須讓人們了解公司的發展方向，尤其需要讓他們了解為什麼會選擇這個方向。你必須將自己的工作與社會公益聯繫在一起，或者讓工作具有使命感。為了讓其他人信服，這些話必須發自真心。你需要投入情緒，當然，這不意味著你必須成為演說家，或者變得外向、活潑，但你不能再忽視其他人的反應背後的人性原因。

激勵練習：回憶上一次有人激勵自己的情形。那個人是誰？他說了什麼？是怎麼說的？他說的話為什麼讓人感到振奮、鼓舞？寫下這些想法。此外，向其他人推出一個創意之前，你可以先在值得信任的同事面前演練一番，以此了解自己想傳達的資訊能否鼓勵其他人。記住，沒有情緒，就不會有激勵、鼓舞的效果。

激勵其他人始於對個人及團隊未來發展的描述，含糊的使命宣言達不到效果。人們必須生動地想像出具有吸引力的未來——一個值得為之奮鬥的未來，值得付出寶貴的時間。這個目標，必須比獲得市場地位或者實現目標數字更為高遠。

最簡單的一個方法，就是思考一個有待解決的問題，想像如何用引人入勝的方式描述這個問題。暫且將事實放在一邊，重點談論人性的影響，解釋團隊為什麼需要解決某個問題。在這方面，講故事具有神奇的作用，不妨講一個能夠闡明問題及其影響的故事。最後可以稍微描述一下最終狀態，也就是解決問題後的未來景象。

帶有使命感的話語

激勵、鼓舞他人的核心，就是讓對方產生使命感和意義感。研究人員發現，使命驅動的組織中員工的投入度更高、創造力更強，還擁有眾多領導者夢寐以求的特質。有使命感並不是指追求社會公益，更意味著了解自己的使命，理解他人的目的，而且對組織抱有相同的使命感。確定使命的方法很多，我建議首先從服務出發。你的服務對象是誰？如何為他們提供服務（服務方法是什麼，需要什麼能力）？為什麼需要提供這些服務？我認為，當人們靜下心來了解自己提供的服務時，每份工作都會讓人產生強烈的使命感和意義感。

接下來要做的是與其他人互動。想要高效地完成這個目標，你需要了解每個人的動力。你應該注意每一個人何時表現出無聊或擔憂的樣子，了解他們的強項和弱點，確定什麼能讓他們感到興奮。

針對不同的人變換說辭，這種作法在一些人眼中可能會被認為不真誠。可是如果做得合理，重點就不再是變換說辭，而是強調和每個人相關的不同資訊，你需要強調的是能夠吸引對方認同的資訊。重要的是改變風格，提高說服他人的效率。

理解其他人的動力是一個需要持續一生的訓練，且難度向來很高。在我看來，以下涵蓋了七五%的常見激勵因素。

- **歸屬感**：成為團隊一分子，融入團隊，獲得同事情誼，與喜歡的人合作。
- **幫助他人**：有時間、有機會幫助他人，回答問題，做導師或教練。
- **讓事情發生**：有做出決定、完成工作的權威。
- **認可**：被視為專家，做出的貢獻得到認可。
- **快樂**：有時間、有機會放聲大笑，可以慶祝成功，享受工作中的樂趣。
- **可預測性**：知道未來會發生什麼事，可能有什麼轉變，有能力制訂並遵守計畫，減少可預見的風險。

確定團隊成員的主要激勵因素後，你就可以用最能引起對方共鳴的方式傳達自己的鼓勵訊息。比如，若是一個團隊裡成員的激勵因素是歸屬感，你可以描述一個整個團隊需要共同因應的全新挑戰，這個人肯定會喜歡在這個團隊中工作。

如果對方認為你不關心他們的感受，他們就不會受到鼓舞、激勵。因此，你必須表現出關心之情。認真傾聽、關注對方的話語，了解對方的個人資訊，這些都能說明你達到目的。

鼓勵他人練習：讓我們以上文的激勵因素為基礎，補充你認為有關的其他因素。注意其中的哪一個或兩個因素是自己的主要動力。為每一個激勵因素設計一個問題，透過向其他人提出這個問題，可以了解這個激勵因素對他們的重要性。舉個例子，關於認可，你可以詢問某個人是否真的喜歡因為個人經歷、專業能力或成就而被其他人認可，從對方的表情中你就能知道那是不是他們的主要驅動力。在朋友和團隊成員身上試驗這些問題，想辦法對每個團隊成員確定一個核心驅動力，為這個驅動力量身設計一個可用於鼓舞對方的資訊。

卡爾掌握了激勵的藝術

總是獨自思考的卡爾想明白了，他需要一個「思考搭檔」，這個人能幫助他反思並演練對話。這個人是卡爾早年公司的同事，也是他信任的人。這個人剛剛退休，他既了解公司的情況，又是一位可信賴的知己。他可以不帶偏見地聽卡爾講述想法，再給出有價值的回饋意見。

就像一位執行長，這個思考搭檔看到了卡爾試圖成長為整合者的決心。他發現卡爾需要從更宏觀的角度思考問題，需要繼續拓展人脈。他也意識到，情緒是這個轉變過程的關鍵。

這個思考搭檔一定程度上能夠理解卡爾對公開表達個人情緒很反感，所以在餐廳吃完飯、聊了很久之後，他建議卡爾嘗試另一種方法：帶著紳士般的好奇心去探索。他說，暫時放下自己的看法，試著理解別人的感受，了解其他人的世界觀，了解他們重視什麼、他們的動力是什麼。認真傾聽，只需要問幾個簡單問題，比如「和我再多談談」。

這個建議讓卡爾想到了公司執行長在一對一及小組會議時，如何聰明地利用沉默。卡爾意識到，沉默有時也能表達情緒。沉默是傳達某種情緒的方式，即「這件事非常重要，我非常關心」，而卡爾不好意思開口說出這樣的話。

思考搭檔還幫助卡爾理解了高層團隊為何設立將藥物開發時間減少三分之二的目標。卡爾一直認為這個目標不切實際，只是管理層想當然地自說自話。思考搭檔幫助卡爾認識到宏偉目標的力量。更重要的是，他讓卡爾意識到，在尋找新技術中，卡爾所扮演的角色對實現目標具有至關重要的影響。卡爾突然興奮起來，而且備受鼓舞。

思考搭檔也進一步讓卡爾發現到，沒有徵求財務部門主管的意見就達成協議，究竟會讓對方產生怎樣的感受。卡爾承認，他應當先和財務部門交流，聽取並吸收財務長的意見。他意識到自己可以採用不同類型的影響方式，去說服財務部門跳出框架限制，從全新的角度看到這個收購協議。

在朋友的幫助下，卡爾為討論收購計畫起草了一份新的開場白，以便在未來出現與高層團隊交流的新機會時使用。這一次，他選擇了如下說法：「如果想實現減少開發時間、超越競爭對手的目標，我們就需要大規模擴大技術基礎。今天我要說的，就是實現這個目標的絕佳機會。」

卡爾正轉變為真正的激勵領導者。他明白，自己需要考慮個人形象，需要思考他帶給別人的感受。他明白，除了事實，自己也要包容情緒性的訊息。過去，卡爾不願意信任與他不同、不談科學和事實的人。然而，他現在明白，表露情緒並不等於軟弱。S型領導者並非要每個人都開心，他們也不會回避艱難的抉擇。S型領導者需要勇氣、力量和氣場，也需要不一樣的與人互動方式。

下一次收購討論進行得非常順利，卡爾重新贏得了執行長的欣賞。他很幸運。有時，不論你做出多少提升，也很難消除在老闆心中的負面印象。執行長知道卡爾可以成為團隊裡的重要成員，而成功則證明了執行長的眼光。

同樣幸運的是，卡爾沒有局限在純粹的專家型職務中，否則他的觀點只能局限於某個專業領域。卡爾與高層團隊擁有大量共同點，因此他有機會與高層建立信任關係。他和幾個高層都喜歡紅酒和美食，他可以因此增加與高層相處的時間，建立必要的人際關係，為成功達成自己的理念奠定基礎。

如果把卡爾換成卡拉（女性），想像一下事態會呈現怎樣的走勢。執行長會把自己的需求坦誠地告訴卡拉嗎？會有思考搭檔幫助卡拉調整思維方式嗎？高層團隊願意透過吃一頓飯、喝一瓶好酒的方式了解卡拉嗎？卡拉願意跳出自己的專業領域嗎？當卡拉生氣沮喪時，團隊會怎麼看她？他們願意給她第二次機會嗎？

做為專家的女性通常有著出色的工作表現，但在她們進入S型領導角色後，情況就會急轉直下，她們在工作中也會感覺非常艱難和吃力。這是一個複雜的話題，是我在下一章中要討論的主題。

第八章

性別與整合領導力

我與世界各地數千名女性中間及高階管理人員進行過交流。其中絕大多數人告訴我，當對工作內外的所有細節非常了解時，她們的心態最為放鬆，感覺最好，並能順暢地與客戶或高層交流。談話的主題在自己的專業領域內時，她們從不缺乏信心。

這些女性中的大多數人也不喜歡自我推銷、自我吹捧。她們偏愛真正的精英領導體制，希望用工作品質和成績說話。她們通常擁有強大的人脈，這些人在工作中倚靠專業能力，是女性領導者的擁護者，他們稱讚她們的工作品質與可靠。前老闆通常是她們的導師。

總的來說，這些女性的職業生涯發展得非常順利，與我們在媒體上看到的報導有著很大的差別。女性確實從E型領導者角色的發展中獲益良多，專家晉升路線的出現，使得女性得以跨越阻擋前人的各種障礙。無論是法律、人力資源、通信、品質管制、風險、市場行銷、財務，還是IT，我們可以在各個商業領域找到優秀的女性職場人。

大學時代，莎拉-珍（Sarah-Jane，朋友口中的SJ）的成績多數時候位列前茅。在夏天尋找實習工作時，好成績幫了她大忙，最終幫助她在頂尖消費品公司找到了一份工作。職業生涯早期階段，在磨練市場行銷技能時，SJ成為極為出色的執行者（在職業生涯最初的兩三年裡，知識工作中的女性的表現通常強於男性）。SJ成長為極其優秀的副手，人們可以依靠她將工作安排得井井有條，依靠她交出的工作成績，也能依靠她指揮其他人完成任務。有時人們可能覺得她有一點「蠻幹」，但沒有這種精神就無法取得優秀的工作成績。SJ對細節的關注和完美主義傾向受到重視，她也因此比同事更早獲得晉升。[1]

在SJ看來，她的職業生涯發展得很順利。工作讓她興奮，因為她能學到很多。她與現在主管市場部門的上司有著非常融洽的工作關係。SJ未來的職業生涯看起來非常明確：繼續向前、向上發展。

遊戲變了——從執行者變領導者

一段時間後，工作中學到的內容不再讓SJ感到興奮。更糟糕的是，上司給出的回饋也越來越含糊。「繼續做你正在做的事」、「你做得很好」，這樣的評論無法幫助SJ確定未來的職業發展走向。突然間，她感覺自己下一步不那麼明確了，而且看起來，這份工作她要做上一段時間了。

SJ的上司得到了晉升，而SJ迫切地希望自己被提拔到上司的職位。儘管她沒有明確對上司說過，但她覺得這個結果理所應當。然而，公司選擇了另一個人——他們從其他部門調來了一個男性主管。

離任的經理與繼任者見面時討論的第一個話題就是SJ。「你很幸運，」他說，「她會讓你臉上有光。」前經理對SJ大加讚賞。「她是非常出色的二把手。無論讓她做什麼，不管情況多複雜、多混亂，她能都完成任務。我都記不清自己有多少稀奇古怪的想法被她轉變為現實，幫了公司大忙。保證讓她做得開心，別放她走了。」

SJ卻開始質疑女性在這家公司的晉升之路，儘管在此之前她的晉升一帆風順。從其他部門指派一個不了解專業領域的人擔任主管，這在SJ眼中就是「男性舊勢力人脈」

的最好例證。她接到過不少獵人頭的電話，現在，她開始考慮跳槽了。

發生了什麼事？

遊戲改變了。這個級別的領導者，重點不再是成為執行者，而是成為戰略家、思考者和激勵者，成為能夠讓他人執行任務、完成工作的人。SJ沒有為這樣的現實做好準備。她總是忙於完成工作、完成工作，為了讓上司把自己看作繼任者而完成工作。說實話，SJ也不那麼願意成為戰略家或激勵者。對於女性領導者而言，這種角色的難度更大，尤其是那些喜歡完成獨特專案的女性領導者，她們不願意在模糊、混亂、高風險的環境下獨自確定需要完成哪些工作，也不願意涉入辦公室政治。

E型領導角色仍然是女性的舒適圈，也是能夠滿足公司需要的舒適圈。由男性主導的公司等級制度，通常也不願意讓女性承擔戰略及激勵型角色。很多高階男性主管想要的是能為自己完成工作、處理細節、拿出高品質成功並推動其他人完成工作的下屬。與此同時，大量研究表明，男性經理人並不認為女性具有戰略眼光。[2]從社交角度看，我們總是把女性放在第二的位置上，並且讓她們一直留在那裡。

也就是說，我們談論的是兩個恰巧重合的舒適圈：女性領導者和男性公司等級制度的舒適圈。

偏愛與刻板印象的結合，在兩類角色之間創造了一層看不見的障礙。這個障礙像極了惡名昭彰的玻璃天花板（Glass Ceiling，編按：指組織中對女性或少數族裔潛在的障礙，雖然透明看不到，但確實存在）。

舒適圈和玻璃天花板

我拜訪的每家公司都會談論玻璃天花板。有些女性抱怨受到了限制，有些吹噓自己打破了玻璃天花板，執行長們則發誓努力消除這個局限。實際上，人們並不真正了解這個問題的複雜性。

「玻璃」這個說法給人一種障礙是由堅硬但易碎的物質構成的感覺，彷彿這個障礙對每個人來說都只是一種外部存在，只需要用錘子就能打碎。可是實際上，這是我們每個人創造出的具有伸展性、非常強韌的障礙，那是我們舒適圈的邊界。社會也許在上方設置了這種障礙，但女性也會在下方設置同樣的障礙。

凱薩琳是一家投資銀行金融服務部門的優秀員工。公司提出讓她升職的人事計畫，她本可以藉此被更多人認識、負責更多業務、獲得更廣泛的客戶群，還有機會成為常務董事，但她拒絕了這個機會。在她看來，這樣的工作過於含糊，缺乏良好的規畫，而且風險過高。然而，到了第二年，正如上司所料，凱薩琳負責的市場對公司盈利不再重要。她的業績下滑，升遷機會徹底消失。她的上司得出結論，她很樂意停留在原地，晉升對她來說並不重要。凱薩琳完全錯誤地解讀了上司提供給她的機會。

我認為，女性晉升到高階管理職位的關鍵，在於讓她們了解如何輕鬆愉快地成為S型領導者，也在於讓她們的上司了解如何培養她們的舒適心理。

實現飛躍

SJ的新上司略過了前任經理「不要放她走」的建議，而是想辦法與她合作，推動她的職業生涯向前發展。他幫助SJ調動到另一個分公司的市場部門，承擔更重要的角色。她的職業生涯確實在發展，但走錯了發展方向，在自己沒有意識的狀態下，她更深地陷入了專家框架中。

不過，SJ的故事最終出現了不同尋常的轉折，而我希望看到更多這樣的轉折。她的導師找到她，進行了一次非常直白且尖銳的交流。他提醒SJ，不要忘記自己運營企業、負責收益的野心。

「你可以永遠留在市場和戰略部門，也能夠有很不錯的職業生涯，」他對她說，「可是如果不面向商業行為，不去了解銷售、預算和預測，你永遠也不能經營公司。」他指出，公司的運營部門目前有一個空缺，這個職位可以成為她涉足企業經營的跳板。他建議SJ申請這個職位。

對SJ來說，這是個讓她痛苦的想法。「對我來說那是倒退，此外……」她不想明說，但她無法忍受那個部門的主管。

「SJ，如果你在這個專家職位上再多做幾年，其他人就不會再認為你未來要做業務部門的領導者，」她的導師說，「你永遠實現不了自己提到的目標。」導師說，如果SJ提出申請，他會聲援她，幫她說話。

這是一個艱難的決定，SJ掙扎了好一陣才下定決心。她非常滿意自己的全新E型領導工作，也做得很開心。不過，她最後還是申請並得到了新職位，向前邁出了重要的一步。

從某種程度上說，這確實給人一種倒退的感覺，SJ永遠不會喜歡她的上司，但她學會了如何管理更大的團隊，如何管理損益財報，如何應對難纏的客戶。新工作為她提供了平台，讓她能夠提高自身的整合能力，展示自己承擔更重要的管理角色的欲望。

如今，SJ已經成為更大的商務團隊的主管，她的員工遍布世界各地。

SJ的幸運之處在於，她有一個願意推動她走出舒適圈的導師，也獲得了可做為跳板的工作機會。凱薩琳同樣如此，她獲得了東山再起的機會。當她意識到自己誤判了之前的機會後，她的上司願意再給她一次機會。凱薩琳又用了兩年時間才找到合適的機會，這一次，她毫不猶豫地接受了挑戰。

然而，大多數女性就沒這麼幸運了。她們因為自身缺乏準備，錯過成長機會，因而受到局限。另外，也不是所有人都能遇見幫助她們了解大局的導師。

發展、培養做為整合者的能力與名聲

假設你運氣不好，沒有人願意幫助你打開大門、幫助你為更重要的領導角色做好準備，你該如何向公司展示自己有整合能力呢？又如何在現有的專家型工作中學習整合能力呢？我們開拓思維，可以找到一些新的方法。

領導專業領域外的事

尋找與現有工作關聯度較低的領導職位。大多數企業內部均存在由女性組成的人脈網絡，這些網絡也需要自願者承擔各類領導工作，比如為委員會提供服務、組織活動以及發掘成員的需求，或者自願帶領各項慈善活動。這樣的活動逼迫你與其他人互動，討論策略、設定優先事項，其他人也會推動你與更廣泛的人群合作，發表公開談話，培養領導氣場，並且學會利用團隊完成工作。

領導比自己更有資歷的人

很多自願工作需要與公司中的高級顧問或監督委員會成員互動。這是學習如何領導比自己更有資歷的人的好機會，參與招聘活動也有同樣的作用。招募新員工時，你會與同事合作，這些人不是比你更資深的招聘部門經理，就是來自公司的其他業務部門。

領導來自不同工作背景的人

尋找需要與不同部門員工合作的專案或任務。認識擁有不同專業背景的人，了解他們如何看待自己的工作。

指導他人

無論自己承擔的是什麼類型的角色，即便只是獨立貢獻者，你也可以藉由做其他人的導師的方式，展現自己的能力和素質。你的專業領域中是否存在能力不足的人？部門裡是不是來了個新人？有沒有一臉迷茫的暑期實習生？你必須承擔起做導師的職責。如果需要幫助、指導的人紛紛向你靠攏，你的上司自然也會察覺。

對抗完美主義

完美主義並不是女性的問題，但很多專家型女性確實有執迷於工作品質的傾向。若完美主義變成身分定位，有可能對她們的晉升努力造成損害。如果你是完美主義者，上司可能把你劃入優秀執行者行列，而不會把你看作戰略制定者。放棄完美主義並不是讓自己懈怠，而是避免浪費時間。不要把時間和精力浪費在只能提高百分之一工作品質的瑣事上，不要因為演講稿上的字體或空格而煩惱，不要把時間用在回覆所有電子郵件上。不要把時間、精力浪費在無法顯著增加價值的事情上。

顧問、導師、擁護者和舉薦人

你需要一個能夠提供建議、給你信心，還會給出逆耳忠言的支援系統。如果你和大多數女性經理人一樣，沒有現成的支援網絡，你就需要著手搭建。

大多數高階女性管理人員會提到經理委員會的概念，她們可以尋求這些人的建議，尤其在面對重大問題和挑戰時。女性領導人向每個人徵求特定類型的建議，比如有些人可以給出戰略方面的建議，另一些人則是辦公室政治方面的建議。我覺得經理委員會並不完善。相反地，我鼓勵她們思考什麼人分別適合擔任以下四種類型的角色。

顧問

顧問指的是可以尋求建議的人。大多數高階管理人員認為，自己沒有足夠的時間成為合格的導師（即便他們參與指導計畫），不過他們通常願意給出建議。如果遇到一位自己仰慕的領導者，你可以請求對方抽出十五分鐘和自己聊天，尋求他的建議。如果參加培訓活動，你需要特別留意某些領導者，他們有意願和你交流。在這些情況下，你都可以尋求建議。如果喜歡對方的建議，珍惜和他們的交流過程，你可以尋求他們的更多建議。隨著時間推移，他們可能成為你的導師。

導師

導師願意告訴你真相，關心你的成長發展，投入更多的時間和精力對你提出建議。一般來說，導師關係會持續很長時間，甚至長達數年。你願意和導師談論棘手複雜的問題，會有心理安全感。不過，需要注意的是，導師能發揮多大作用，取決於你提出了什麼樣的問題。正如一位高階領導者所說：「如果你不帶著問題找我，我就幫不了你，也不會成為高效的導師。」

目前為你提供好建議的上司並不是導師，他們只是做了上司該做的事。前主管經常成為優秀的導師。不過我認為，你需要一個來自組織層級系統外的人做導師。如果和現任上司產生矛盾，或無法理解新上司的想法，你就需要一個來自公司等級制度外，並且了解你、能夠給出有價值建議的導師。

擁護者

擁護者了解你的工作，會在他人詢問時，對你做出積極正面的評價。一般來說，擁護者曾經與你在某個專案或上一份工作有過密切合作。在大多數機構裡，一個人需要有眾多擁護者才能不斷前進。可能你能力極強，可是如果沒有大量擁護者，你升遷的希望就很渺茫。

你可以請求某人擁護、支持自己，但又不能逼得太緊。理想狀態下，你可以用「如果你支持我獲得這個新職位，我會非常感激」的方式向對方提出請求。你可能不知道擁護者實際上對你有怎樣的評價，但你應當對誰會支持你有清晰的概念。和這些人保持聯繫，即便已經換了工作，也要讓他們了解自己正在做什麼、想什麼。

在SJ的案例中，她的導師支持她申請運營職位。為了幫助SJ，導師找到了運營部門的同事，與相關部門的主管聊過SJ，提到她的能力以及她適合相關工作的原因，還談到了他確定主管會喜歡上她的原因。

舉薦人

與擁護、支持相比，成為舉薦人是向前邁出了一大步。舉薦人會賭上自己的名譽支持你，會在艱難局面中為你提供掩護，採取行動幫你擺脫困境，還會為你提供機會。高效的舉薦人必須在公司內部享有極高的聲譽，只有這樣，他們才能成為你的優勢。舉薦人因為有你這樣的門徒而自豪，你取得的發展也會讓他們驕傲。你的成功也是他們做為領導者的成功。不過，擁有舉薦人也有交換條件。當一個堅定支持你的人需要幫助時，拒絕對方會帶來極大的風險。

領導者只能同時成為少數幾個人的舉薦人。你可能不知道某個人是不是舉薦人，對方可能不會明確告訴你。不過，你不能要求別人成為自己的舉薦人。舉薦人也不能指派——這是一個需要你自己去努力贏得的人物。

讓我們換到對方的角度。就像這些角色在自己職業生涯發展中發揮的重要作用一樣，你應當做出回饋，幫助他人。你正在指導誰？你支持誰？你是誰的舉薦人？這是展現自己做為整合者能力的三種方式。

SJ在職業生涯中做得尤其出色的一點，就是找到了一系列的強大顧問、導師、擁護者和舉薦人。職業生涯初期，她與非常資深的領導者合作，並且始終與他們保持著良好的關係。接手高階管理工作後，當SJ發現團隊沒有她預期的那樣坦誠時，就找到了可信任的人，徵求對方的觀點和建議；在策略沒有達成預期效果時，她可以找人一起腦力激盪。在利用最重要、交情最深的關係時，SJ非常謹慎——她總會想辦法提出正確的問題。

顧問、導師、擁護者和舉薦人，不僅能幫你登上高峰，也能在你遇到挫敗和走上意外的彎路時（比如SJ的案例），帶你做看似退一步的工作，或正面迎向難纏的上司。

還有一種職業生涯的曲折我尚未談及：你被指派承擔典型的E型領導者工作，但對相關領域幾乎一無所知。這種現象相當普遍，也是我們下一章要討論的主題。

第九章

經典專家角色中的整合領導者

我在這本書裡始終談及的一個話題，就是領導力類型的混合，人們在保留部分專家型領導力的同時培養自身的整合力。很多人可能都有這樣的經歷，即便沒有親身經歷，我相信你隨時都能看到這種現象。

這種現象如此常見的原因之一，在於很多領導者即便進入了全新領域，也會繼續在一定程度上發揮自己的E型領導力，使用積累的專業知識讓他們感到快樂。不過，出現這種現象最重要的原因，卻與我們在第一章裡提到的E型領導者的存在價值有關。公司與員工甚至高層，都希望也需要E型領導力。

他們想要一個能夠親自執行的領導者，他們需要控制風險，也需要有深度的見解。人們敬重那些願意親自參與實際工作的領導者，沒有什麼比領導者抓起鐵鍬親手挖戰壕更能振奮人心了，局勢緊張時尤其如此。

這種對E型領導者的持續需求，打破了過去幾十年經理人需要成為「全才」的固有觀念。實際上，如果我有決定權，我會廢除總經理這個職位，消除管理工作中「綜合管理」的描述性說法。

在當今知識經濟的大環境中，成功的純總經理很罕見。更有代表性的情況是，如果身為全才卻不了解管理對象具備的特定知識，即便不會直接失敗，這樣的缺陷也足以讓這樣的領導者在工作中舉步維艱。

我在工作中見過最讓人痛苦的場景之一，就是看著志向遠大的S型領導者，被指派去管理陌生專業領域的一群專家，無法與團隊形成足夠的凝聚力。

我的客戶查克遇到的就是這種情況。查克是一家大型諮詢公司某實務領域的E型領導者。他展現出了S型領導者的潛力，很受高層喜歡，因此，當公司需要一個人管理不同部門的不同業務時，查克就成了第一選擇。高層團隊把這次調動視作培養查克領導力的機會。和其他很多公司一樣，這家諮詢公司為了培養有潛力的人才，會經常進行類似的調動。此外，那份工作也找不到其他合適的候選人——該領域的專家都是沒有發展潛力的E型領導者。

然而新團隊成員從未接受查克，因為查克不了解他們的專業，查克也不知道如何用令人信服的方式增加價值。當要求團隊提出建議和選擇方案時，他沒有得到任何回應，整個團隊拒絕與他合作。團隊成員採取了完全對立的姿態，製造了不和諧的工作環境，團隊表現衰退。最終，對方贏了，查克丟掉了工作。這次失敗損害了查克的信心，也傷害了他的名譽。他花了很長時間才找到新工作，而新工作相比過去也是很大的倒退，他只能做特定領域的諮詢工作。

查克遇到的這種抵制相當常見。團隊成員抵制查克的作法是錯誤的嗎？他們在一定程度上確實做錯了。他們可能心胸過於狹隘，拒絕承認查克的權威，不願認可他的領導潛力。他們可能信奉一句老話：除非能做好手下員工的一切工作，否則就不算「真正的領導者」。

他們可能對自身在公司內部的身分有著極為強烈的認同，對任何不了解專業的人存在偏見；他們可能擔心他因為缺乏專業知識而在客戶面前丟整個團隊的臉；也許其中某人想得到查克的工作；也許他們厭惡總部空降下來的領導者；也許高層團隊派「任何人」

來都能領導這個高技術團隊，這個暗示惹怒了他們；也許查克沒有直接提供強化學習的機會，讓他們不滿。

不過，公平地說，查克新團隊的成員點出了一個很典型的問題：公司將新興S型領導者放在陌生的E型領導崗位上，可能存在非常現實的風險：新領導對專業領域缺乏了解，可能導致他做出糟糕的決定。團隊成員發現，查克缺乏只有真正的E型領導者才能提供的「深度智慧」；他們也知道，缺乏專業技術知識的S型領導者有時會以自己偏愛的方式描述問題，而忽視問題的複雜性。

一個沒有專業能力的人，對需要專業能力才能做好的事情，又該如何利用S型領導力進行管理呢？雖然很難，但不是不能，艾莉絲就是最好的例子。

「這取決於你」

艾莉絲是公司內部公認的優秀E型領導者，她的公司也在積極推動高潛力女性的成長與發展。公司的多元化嘗試中的一個關鍵點，就是由管理委員會推薦女性擔任高級管理角色，培養她們獲得更多管理能力。

按照這個計畫，艾莉絲獲得了成為財務部門主管的機會，這個部門的成員來自多個業務團隊。艾莉絲既不是財務專家，也沒做過會計，她之前管理的是客戶服務部門。不過，公司高層及即將成為她新上司的老闆均有意培養她，要將她放在必須掌握S型領導力的崗位上。整個團隊本身實力很強，並不需要一個財務專家擔任主管，反而需要一個能夠做出改變的經理人。

在公司高層看來，需要改變的是財務部門的思維，他們自認財務是「監管人員」，不關心營運工作。公司裡的每個人都害怕財務部門，而高層希望艾莉絲協助財務部門做出轉變，成為他們所支援的業務部門的真正搭檔。他們希望艾莉絲指導、推動、培訓她的財務專家們，讓他們養成諮詢型、樂於助人的工作方式。他們希望公司中的其他人願意和財務部門互動。

接受這份工作之前，艾莉絲對公司高層提出警告：「你們知道我從沒做過這種工作。」高層不介意，於是她接受了這份工作。

面對新團隊，艾莉絲做的第一件事就是承認自身專業能力的不足。「我沒辦法具體告訴你們怎麼工作，我不知道怎麼做你們的工作，你們也不需要我告訴你們怎麼做工作。如果有問題，我們可以交流，但我不會去做你們的工作，這不是我的角色，」她說，「相反地，我來這裡是為了改變，我的任務是幫助團隊做出改變。」

有些團隊成員覺得被冒犯了，一些人感到憤怒，其中一人想要艾莉絲的職位。團隊氣氛很不好。有一個成員的態度尤其糟糕，他不願意向艾莉絲透露工作的任何資訊。經過幾次試圖構建信任關係後，艾莉絲終於對團隊成員說：「不管你們喜不喜歡，在管理團隊面前，我就代表了這個部門，代表了你們和你們的工作。你們有兩個選擇：我可以用好的形象代表你們，也可以用壞的形象代表你們。」團隊成員選擇了前者。

接下來，艾莉絲遇到了關鍵問題：一個痛點。她的團隊支援的業務部門要求他們提供越來越深入的分析，她的團隊需要撰寫一份又一份報告，報告多到團隊成員沒有時間思考、提供有價值的意見，而公司最希望財務部門提供的就是這些意見。

這就是艾莉絲的著手點。她把團隊成員召集在一起後說：「我理解業務部門要求越來越多報告的原因，但其中很多報告沒有任何價值。讓我們想辦法換一個方式。」顯然，團隊成員都希望減少這樣的負擔，艾莉絲的說法自然引起了他們的注意。團隊所有成員共同審核其他部門提出的要求，檢討流程，最終設計了一個能夠滿足業務部門要求的替代服務。

這段經歷對團隊來說是一個啟發，這是他們第一次被要求團結在一起，以集體形式共同完成一個目標。艾莉絲立刻贏得了團隊的信任，而當三個業務團隊發現財務部門做出的改變具有極好的效果時，整體對艾莉絲也產生更強的信任。其中一人表示：「艾莉絲，你做到了我們做不到的事。我們支持你。」

艾莉絲接著完成了轉變財務部門工作方式的任務。在她的領導下，財務團隊的角色實現轉變，成為業務部門的顧問。

對艾莉絲而言，找到那個痛點既是運氣，也靠她的直覺。然而，在通常由E型領導者擔任的職位上，解決痛點成為她這個S型領導者信奉的理念，她相信S型領導力同樣能夠產生巨大的價值。

從廣泛的意義上說，艾莉絲之所以高效，在於她的努力方向與公司對財務部門的發展設想保持一致。她比團隊中的其他人更理解這個方向，還能在團隊與整體方案間做出協調。艾莉絲成功的另一重要因素在於，她從上司那裡獲得了大量的支持和指導，後者對艾莉絲有著明確的期望和要求。

查克、艾莉絲這些志向遠大的S型領導者，成功擔負起了典型E型領導的角色。從他們身上，我們可以總結出兩類經驗教訓：成功的條件，以及S型領導者要做的事。

成功的條件

技術能力強勁的團隊

只有團隊本身實力強大，擁有必需的專業技術能力，將S型領導者放在E型領導崗位上才有可能成功。

上司的積極支持

如果獲得上司的積極支援，承擔E型領導工作的S型領導者的成功機率就會大大提高。上司如何介紹新主管，以及新主管如何為團隊增加價值，可以削弱團隊成員面對新主管的失望之情。有時面對心懷不滿的員工時，上司需要為新主管提供足夠的掩護。

明確的目標，以及增加價值的機會

讓S型領導者承擔E型領導角色的原因越明確，這個人成功的可能性就越大。公司需要確保團隊成員理解，為什麼是這個人而非E型領導者得到這份工作。目的明確意味著未來存在增加價值的機會。理由不明確時，團隊通常會給新管理者貼上「愛將」或「親信」的標籤，損害新領導者在任職初期取得成功的機會。

擁有出眾S型領導力的導師或教練

接手前任為E型領導者的工作是一項艱鉅的挑戰。如果公司把相關職位看作人才發展機會，認為處在該位置上的人可以學習S型領導力，那麼這個人就需要接受適當的培訓和指導。在存在細微差別的各類問題上，這個領導者需要得到優秀顧問及導師的幫助。

S型領導者要做的事

信任

既要相信為自己工作的人，也要核實員工的建議是否合理。S型領導者別無選擇，只能相信團隊的技術專家認真對待他們的建議。這一切都要以信任為基礎。不過，即便信任至關重要，但領導者仍然需要知道什麼是「聽起來不錯」。這是一種感覺，源自經驗以及對公司運作方式的理解，也源自對員工建議和其他來源的資訊對比。

為團隊增加價值

員工希望獲得主管的明確指示，主管也難以抗拒這種誘惑，但如果不是技術專家，這種作法很難有好效果。事實上，這可能為未來的爆炸性後果埋下伏筆，如果員工明知有錯卻仍然朝錯誤的方向發展，那是因為他們知道日後可以把責任推給主管。

一個主管無須成為技術專家，也能為團隊帶來各種價值。領導者可以推動變革、建立聯繫、提供大局觀、激勵他人，還能解決組織方面的問題。在很多案例中，領導者增加的價值，就是打造一個自信、具有凝聚力的團隊，讓團隊不再是鬆散的人員組合。

尋找增加價值的方法時，我們可以從三個方向入手。第一是專注於內部，透過提高溝通互動能力、增加討論的方式強化整個團隊。第二則是對外，在更廣大的組織內解決團隊遇到的問題。比如獲得預算，獲得高層團隊對某個專案的支持，或贏得其他部門的支持。第三是幫助團隊成員樹立更好的聲譽，獲得更好的職業發展。

打造一個通力協作的團隊

打造一個成員間懂得彼此依靠，較少依賴領導者做決定的團隊。因此，領導者的成功將取決於能否打造一個具有獨立能力的團隊。

耐心和執著

學會以S型領導者的身分增加價值需要時間，讓員工認可這些價值也需要時間。S型領導者會強迫團隊成員以陌生的形式進行工作，比如共同決定，而不再像過去那樣由領導者一人做出艱難的決定。這樣的改變無法在一朝一夕間實現。

總而言之，雖然優秀的S型領導力最終能夠帶來理想的結果，但將S型領導力應用於通常由E型領導力負責的工作，這對S型領導者仍然是不小的考驗。

在這本書中，你找到自己的影子了嗎？你是否發現自己就像茱莉亞那樣在眾多會議間奔波，無法適應新職位提出的諸多要求？或者你在萊納爾身上看到了自己，做為所在領域的專家，願意停留在相同的位置？還是索尼婭的故事，一個試圖理解下屬的專家型領導者，是否引起了你的共鳴？或者是亞倫，從不施壓自己並承認自己總感覺有點蠢的整合者？或許你是安東尼、凱倫以及其他與我合作過的整合者，他們一步一個腳印地找到了屬於自己的方向。

不管怎麼說，這絕不是一個輕鬆的過程。

我的客戶公司中，一位資深領導者曾經說過：「很多人在過渡到非專家型領導者時非常掙扎。我記得一個經理信奉『除非邁過我的屍體，否則客戶絕不會提出一個我無法回答的數字問題』。就是這種態度造就了她，成為傑出的專家型經理人，受到客戶的高度重視。但若是想承擔更多責任、對公司有更大的影響力，她必須放棄一些細節。」

這也不是非黑即白的事情。拿著馬歇爾・葛史密斯（Marshall Goldsmith，編按：全球最有影響力的領導力教練之一，著作超過三十餘本）的書，這個領導者表示：「讓你來到這裡的方法不能讓你去那裡，但確實能讓你成功來到這裡，所以不能逃避。」

他補充道：「我仍然熱愛專家型工作，面對繁雜而棘手的問題時，我喜歡親自處理細節問題。這不是純粹的從專家轉變為非專家，而是一個進化過程。如果不進化，你的職業生涯就會陷入停滯。」

外界對你做為領導者也有著同樣的期望。比如，你需要控制風險、服務客戶、建立團隊、與同事合作、監控內部不斷變化的彙報關係、創新、影響他人、傳達具有吸引力的資訊、傳承文化、設定願景及管理優先事項等。外界對你有著極高的期望，因此你感到壓力過大，轉而訴諸自己熟悉的、具有控制力的事情，這就不足為奇了。

做為領導者，你的專業能力被外界需要且受到重視，當你的工作無法讓對方滿意時，你同樣能清晰地感受到外界的沮喪與失望。更糟糕的是，公司將你提升到一個職責更多、更有機會對公司整體產生影響的職位，他們也會因為你「缺乏」領導能力而感到失望。

公司也許沒有為你提供必要的幫助。如果在超過十年的時間中，你用一種風格管理過一個團隊且交出過出色的工作成績，你可能不認為自己需要做出改變。這個問題也很微妙。你增加價值、完成工作、與人互動的方式，突然間不再符合公司的預期，為什麼過去有效的工作方式突然變成錯誤，其他人不會做出明確的解釋。我見過太多的旁觀者，得出這位領導者「不是正確選擇」的結論。人們總是說：「那個人被提拔到了能力無法勝任的位置。」

然而，這一切並非不可避免。我見過很多人成長為優秀的整合者，他們不僅理解外界的預期發生了改變，也知道自身應該做出何種改變。

致謝

我要向這些年來與我分享人生經歷、職業生涯、沮喪與成功的所有領導者說一聲謝謝。與你們合作，我學到了太多。對於允許我借用故事的人，我尤其感謝你們。一些領導者在分享個人經歷方面尤為慷慨，特別是約翰．墨菲（John Murphey），在他的幫助下，我學會從執行長的角度看待世界。謝謝你和我交流。

我尤其要感謝與我合作的所有女性高階管理人員。正是對你們的觀察，我才第一次注意到專業能力在建構職業生涯中的優勢與劣勢。

感謝我在 VoiceAmerica.com 的執行製作人羅伯特．西奧利諾（Robert Ciolino）以及整個團隊，是他們說服我製作系列廣播。正是因為這個廣播，我得以採訪眾多優秀的作家和諮詢師，他們均對我的思維方式產生了影響。

我為專家型領導者寫下這本書的想法，是在英國參加企業研究論壇時形成的。與吉莉安．皮蘭斯（Gillian Pillans）共同撰寫的報告，以及由企業研究論壇主持召開的會議，幫助我形成了本書的最初概念。論壇的邁克．哈芬登（Mike Haffenden）讓我產生了為專家型領導者寫書的想法。

沒有這麼多人的幫助，這本書不可能問世。在大衛．克里爾曼（David Creelman）的幫助下，我寫出了初稿；珍．馮．梅倫（Jane von Mehren）是出色的經紀人；感謝來自Harper Business的史蒂芬妮．希區柯克（Stephanie Hitchcock）；還有寫作者安迪．奧康納爾（Andy O'Connell），是他讓故事變得精彩動人。

感謝我的商業夥伴連恩、彼得和安妮，感謝你們的支持和鼓勵。致加娜，你是我合作過的最優秀的宣傳人員，謝謝你。謝謝我的員工曼蒂和凱利，沒有你們，我真不知道如何是好！

附註

第一章 最好的專家型領導者

1 Sarah Harvey, "Advice for Managing the Length of Annual Reports," *Financial Management*, December 14, 2017, https://www.fm-magazine.com/news/2017/dec/managing-the-length-of-annual-reports-201717989.html.

第五章 如何增加價值

1 Peter Wright on "Understanding the Organization's Fingerprint," *Out of the Comfort Zone*, VoiceAmerica Internet Talk Radio Business Channel, July 17, 2015, https://www.voice america.com/episode/86414/understanding-the-organizations-fingerprint.

2 關於如何發展戰略思考的討論 Liam Fahey, "Becoming More Strategic," *Out of the Comfort Zone*, VoiceAmerica Internet Talk Radio Business Channel, July 10, 2015, https://www.voiceamerica.com/episode/86421/becoming-more-strategic.

第六章 如何完成（正確的）工作

1 引用自 Philip Hodgson and Randall P. White, *Relax, It's Only Uncertainty: Lead the Way When the Way Is Changing* (New York: Pearson, 2001).

2 同上

3 Ronald Heifetz, Alexander Grashow, and Marty Linsky, *The Practice of Adaptive Leadership: Tools and Tactics for Changing Your Organization and the World* (Boston: Harvard Business Press, 2009).

4 問題改編自 Martin E. P. Seligman, *Learned Optimism* (New York: Alfred A. Knopf, 1990).

5 Gloria Mark, *Multitasking in the Digital Age* (Williston, VT: Morgan & Claypool, 2015).

6 故事來自 "Doing What Seems Impossible: Purposeful Discomfort and Courage," *Out of the Comfort Zone,* VoiceAmerica Internet Talk Radio Business Channel, May 27, 2016, https://www.voiceamerica.com/episode/92461/doing-what-seems-impossible-purposeful-discomfort-and-courage.

第七章 如何與人互動

1 David H. Maister, Charles H. Green, and Robert M. Galford, *The Trusted Advisor* (New York: Free Press, 2000). See also Charles H. Green's discussion of relationships on "Trust: Trusting and Being Trusted," *Out of the Comfort Zone,* VoiceAmerica Internet Talk Radio Business Channel, August 4, 2017, https://www.voiceamerica.com/episode/100490/trust-trusting-and-being-trusted.

2 The consultant Leonard Powell, drawing: Will Schutz, *The Human Element: Productivity, Self-Esteem, and the Bottom Line* (San Francisco: Jossey-Bass, 1994). See also Leonard Powell's discussion of inspiration on "Inspiring People to Follow," *Out of the Comfort Zone,* VoiceAmerica Internet Talk Radio Business Channel, September 15, 2017, https://www.voiceamerica.com/episode/102309/inspiring-people-to-follow.

3 Joshua Freedman, "Leading with Heart," *Out of the Comfort Zone,* VoiceAmerica Internet Talk Radio Business Channel, September 4, 2015, https://www.voiceamerica.com/episode/87396/leading-with-heart; see also Joshua Freedman, *At the Heart of Leadership: How to Get Results with Emotional Intelligence,* 3rd ed. (Six Seconds: 2012).

4 Will Schutz, *The Human Element: Productivity, Self-Esteem and the Bottom Line,* 2nd ed. (Irvington, NY: The Schutz Company, 2008).

5 James W. Tamm and Ronald J. Luyet, *Radical Collaboration: Five Essential Skills to Overcome Defensiveness and Build Successful Relationships* (New York: HarperCollins, 2004).

第八章 性別與整合領導力

1 Rob Kaiser and Wanda T. Wallace, "Changing the Narrative on Why Women Aren't Reaching the Top," *Talent Quarterly,* Issue 3, 2014.

2 Robert B. Kaiser and Wanda T. Wallace, "Gender Bias and Substantive Differences in Ratings of Leadership Behavior: Toward a New Narrative," *Consulting Psychology Journal: Practice and Research* 68, no. 1 (2016): 72–98.

Note

Note

好主管不必是全才

作者	汪達・華勒斯 Wanda T. Wallace
譯者	傅婧瑛
商周集團執行長	郭奕伶
商業周刊出版部	
總監	林雲
責任編輯	黃郡怡
封面設計	Javick 工作室
內文排版	洪玉玲
出版發行	城邦文化事業股份有限公司 商業周刊
地址	104 台北市中山區民生東路二段 141 號 4 樓 電話：(02)2505-6789　傳真：(02)2503-6399
讀者服務專線	(02)2510-8888
商周集團網站服務信箱	mailbox@bwnet.com.tw
劃撥帳號	50003033
戶名	英屬蓋曼群島商家庭傳媒股份有限公司城邦分公司
網站	www.businessweekly.com.tw
香港發行所	城邦（香港）出版集團有限公司 香港灣仔駱克道 193 號東超商業中心 1 樓 電話：(852) 2508-6231　傳真：(852) 2578-9337 E-mail：hkcite@biznetvigator.com
製版印刷	科樂印刷事業股份有限公司
總經銷	聯合發行股份有限公司 電話：(02) 2917-8022
初版 3 刷	2023 年 5 月
定價	380 元
ISBN	978-626-7252-35-2（平裝）
EISBN	9786267252383（EPUB）／ 9786267252376（PDF）

國家圖書館出版品預行編目(CIP)資料

好主管不必是全才/汪達.華勒斯(Wanda T. Wallace)著 ; 傅婧瑛譯. --
初版. -- 臺北市 : 城邦文化事業股份有限公司 商業周刊, 2023.04
256面 ; 14.8x21公分
譯自 : You can't know it all : leading in the age of deep expertise
ISBN 978-626-7252-35-2(平裝)

1.CST: 企業領導 2.CST: 組織管理 3.CST: 職場成功法

494.2 112001972

藍學堂

學習・奇趣・輕鬆讀